玛格丽特手札

我曾拜访的那些私家花园

Private garden visitation

玛格丽特◎著

中国林业出版社

花园改变生活

知道玛格丽特，是在新浪网，由于时常关注与花园有关的博客，一次无意间浏览，发现了她的博客，十分喜爱，不知不觉看下去，非常喜欢她拍的各种花园的照片，美丽的花园图片和文字介绍，让我忘却了时间，于是从那以后，我便时常在网上看她的博客和微博，她有关花园探访的文章我几乎全都转载并收藏了。

毕业于南京大学国际经济贸易专业的她，在新浪博客中这样自我介绍：狂热的园艺爱好者、热爱自由摄影和撰稿、想走遍世界每一个角落！

初识玛格丽特，是在 2011 年，《美好家园》组织的花园探访活动中，只见她一身轻便装，娇瘦的身材，肩上背着个照相机，十分轻盈地从车上跳下来，打过照面后，便直奔花园，边拍边问，十分专业。在与她交谈的过程中，我更真切地感受到她简直就是一个狂热的园艺爱好者和疯狂的摄影师。

我很佩服玛格丽特，她不仅是一个狂热的园艺达人，同时也是个十分能规划和安排自己时间的人。为了完成自己的梦想，她先安排好每个周末陪两个女儿，周一至周五，孩子去住校了，她会按照事先计划好的方案去各地探访花园，常常是到一个地方，先借一辆车或租一辆车，直奔主题，去探访花友，与她们交流。周五返回去接女儿回家，晚上再整理照片，发博客。她的每一部作品都是这样诞生的。

这本书共介绍了上海、成都及杭州、南京、扬州、常州等地的 25 个私家花园，大概翻看了一遍，仍是十分感动：我们国内的花园，除了面积不如国外的大，水平一点不比国外的差。感谢玛格丽特，用相机和文字记录了这些花友们的美丽花园，同时还提供了很多造园的细节，可供花友们借鉴。

其实，这些年与花友们的近距离接触，让我更深刻地体会到：用植物美化我们的家居生活，是许多人的梦想，人们都希望在花园中享受生活，哪怕只有20平方米的花园，也能让主人体味生命中微燃的喜悦。

玛格丽特这本书，正是用优美的文字、精致的图片，带领我们走进一个个花友们精心打造的大大小小的花园，让我们仿佛置身于花草植物的世界，亲身感受到花草植物的美妙，了解到花草植物的世界原来是如此多情浪漫，并懂得了花草植物的世界可以这样丰富、精彩。

其实简简单单的一个花园，对某些人来说，真的可以改变很多：从一小会儿的心情，一时一地的生活，到整个人的精神状态。而仿佛置身于一个个花园的我们，也会从书中深切地感受到：生活如此美好，家园如此之让人依恋……

这本关于私家花园的书，向我们传播的正是一种生活方式：努力建造一座美丽的花园，让自己和家人时刻享受到生态、自然和健康的生活。而只要花费时间，付出努力，花园的回馈也是丰厚的。因为你会发现，任何一个人，无论在外面如何强势，回到家中，面对花园的时候，都会很纯真、很简单，而且有着分享的喜悦。这是因为花园改变了他们的生活。

2014.12.1

因为心底
那株小小的马兰花

小时候，就喜欢到田野撒欢。秋高气爽的午后，有金色的稻子在阳光下闪亮着，穿梭在稻田之间的小路上，常有一种叫做马兰的小花，星星点点的蓝紫色，娇弱又雅致，精灵一般，我会很长时间痴痴地望着，小小的心也跟着醉了，像是全世界的美丽都凝聚在了这里……那是童年记忆中最烂漫的时光。

后来读书、考试、工作……忙碌奔波中，那一丛丛蓝色的小花便被渐渐遗忘在记忆深处的某个角落。再后来，我当了全职妈妈，也拥有了自己的小花园，闲暇时间开始种花种草，渐渐地一发不可收拾。原来，那丛被遗忘的马兰花早在心底悄悄播下了种子，浇浇水它便发了芽。

在折腾自家小院的过程中，我有幸结识了很多爱花的朋友，也经常互相串门拜访。这些花园的风格都各有千秋，但都有一个共同的特点——每一个花园，后面都承载着一个园艺梦想，呈现着一种生活方式。其实，花园就是主人心性的表现。我越来越钟情于探访这些花园，用镜头记录它们的美丽，也乐于倾听它们背后的故事……

感谢所有让我走进去拍摄的花园主人，你们美丽的院子带给我那么多美好的感动和回忆。感谢吴方林老师为这本书作序，感谢中国林业出版社策划编辑印芳，不辞辛苦地把我的博文编辑整理、成书出版。

这本书，也送给我深爱的两个女儿，沐恩和瑞恩，你们是花园里盛开的最美丽两朵花儿。

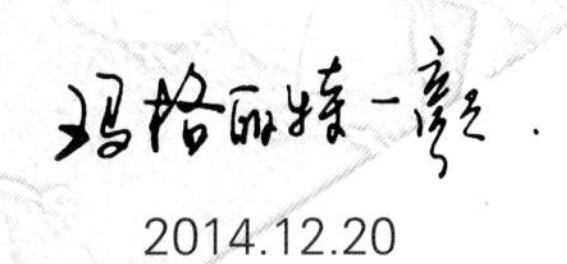

2014.12.20

目　录

CONTENTS

隐于后花园

Yin ’s garden

主人：Amy（新浪微博@后花园-隐）
地点：上海闵行
面积：80m²

因为园艺，要在大城市里隐居下来，其实并不是我们想象的那么奢侈。不需要太多的空间，一个几十平方米的小花园，或者一个顶楼的小露台，甚至只是一方阳台窗台。当春天花儿怒放，夏季绿意盎然……一小盆多肉，一小片叶子，大自然在眼中了，感受植物生命的同时，心便静了、隐了。

露台入口角落的这尊石佛，让花园富有禅意，也更加宁静。

一直有这样一个花园梦想：在繁忙的都市，有一处幽静的后花园，虽然只有几根竹子，微风吹过时也是悦耳的沙沙作响；只一棵香樟树，遒劲的枝干，茂密的树叶，在炎热的夏日也能带来一片清凉；或是一棵无花果，秋天成熟的时候，扒开果皮露出红艳艳果肉的时候，那样的欣喜，似乎所有的喧嚣、烦恼都丢在了九霄云外。闲暇时，捧一杯茶，坐在门口的凉亭下，闻一旁月季飘来的淡淡清香，艳丽的天竺葵花上，一只蝴蝶停留了很久……

大隐隐于市，不是奢侈，而是因园艺而带来的一种生活方式。其实并不需要太大的空间，一个几十平方米的小花园，甚至只是一方阳台，哪怕一小盆多肉，一小片叶子，当春天花儿怒放，夏季绿意盎然……大自然在眼中了，感受植物生命的同时，心便静了，多么恬然和宁静。这个花园的主人，给自己取的名字便是“后花园一隐”，这个名字竟和我的梦想花园如此相近。

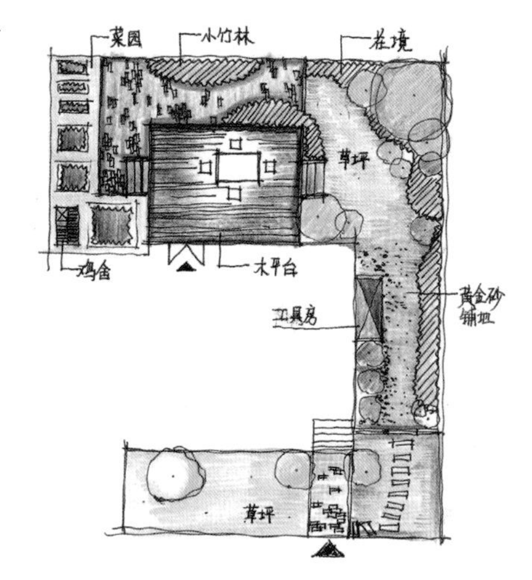

主人平时工作很忙碌，压力也大，但她还是经常抽时间陪儿子外出旅游，邀请朋友们来家做客，带孩子们一起做烘焙点心，努力让孩子的童年富有更多乐趣和梦想。对于一个职业女性来说，事业和家庭之间的兼顾和平衡其实很不容易，两种状态差别非常大：动与静、紧张与舒缓、喧闹与幽静……而有这样一个藏于喧嚣都市的幽静后花园，也是她能张弛有致、调节自己的主要原因之一吧。

来到后花园一隐的所在小区，车可直接开到她家的门口，入户门前有一小片草坪。对着马路的一边，主人摆上了一溜红陶盆，里面是柏树、几株常绿的灌木和正开着橙色红色鲜艳花儿的旱金莲。最吸引人眼球的是那几棵大花葱，紫色的花球，像是焰火一般灿烂着。

入户口是一个小小的草坪，最外面是一排红陶盆为主的盆栽，以观叶植物为主，开花的是色彩丰富的旱金莲和高挑的大花葱。

这里也是屋子的主入口，有台阶向上。台阶下是一棵龙爪槐，碧绿的树冠，正恣意舒张。主人在这里种了几株红色的月季，色彩一下子便鲜艳了起来。

一旁是铁质的栅栏，有一个小门直接通向到花园里面。只是空间比较狭小，和隔壁的房子离得也比较近。靠墙的位置，主人做了一个工具房，剩余的位置本来是连通里面院子的草坪，但是太阴了，草坪长得不好，就铺上黄金沙的石子，树荫下有一盆歪置的红陶罐，有花叶的常春藤倾斜而出，也是别有味道。

院子最主要的部分是在前面，有珊瑚绿篱和一小片竹林与外面隔开，非常幽静。中间部分是草坪，靠近屋子的前面用大鹅卵石围出了一块，一棵无花果树已经长得很大了，每年都能结不少果子。 这个位置相对较阴，果树下只能种些喜阴的植物，有蕨类、铁筷子、紫叶酢浆草以及金边阔叶麦冬。

角落的位置有一棵很大的枣树，地面也相对较高，这里被主人充分利用，布置一个以宿根草本为主的花境区，不需要太多的打理，每年却有小木槿、绣线菊、萱草、角堇等应季花草次第竞相开放。中间还有一个铁艺的架子，粉色的藤本月季曼妙地攀援，也让花境的层次和色彩更为丰富自然。

再往里，有一条小路通到院子的另一边，那里便是主人的饲养区了，几只母鸡咯咯地叫唤着，每天都能捡到几个鸡蛋。

主人最喜欢待的地方是挑高的前庭区，木制的平台，周围用围栏防护，摆上桌椅茶点，抬头是一小片竹林。而周围的廊柱上更是爬满了盛开的藤本月季和铁线莲，一大丛天竺葵陪伴着生锈的炉子，一旁还有青蛙王子在悠然自得。多肉、芒草……植物也很丰富，像是大花园里的小花园。

小院里，一个生锈的铸铁炉子旁鲜艳的花儿，粗放茂盛的观赏草和旧的石磨一起，都是那么协调而富有禅意。还有一个石头佛像，永远淡然的微笑，伴随着春夏秋冬。

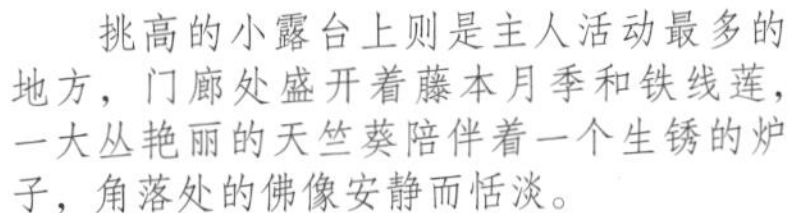

挑高的小露台上则是主人活动最多的地方，门廊处盛开着藤本月季和铁线莲，一大丛艳丽的天竺葵陪伴着一个生锈的炉子，角落处的佛像安静而恬淡。

不禁想起陶渊明的“采菊东篱下，悠然见南山”，总希望有更多的时间，可以泡杯茶，静静地看着院子，有微风轻抚过发梢。这样的“隐”，相对隐于山林田野，更需要来自内心的那份静与净。

在屋子的主入口，旁边有个小门可通向花园。靠墙的位置，主人做了一个工具房。旁边歪置的红陶罐里，花叶常春藤倾泻而出，别有味道。

山楂树下的田园之乐

Under the thorntree

主人：胡胡乐（新浪微博@胡胡乐）
地点：上海松江
面积：40m²
拍摄时间：2013年4月

院子里，有一棵巨大的山楂树，春日里正开着白色的花儿，树下有狗狗追逐，有沧桑的石墨块；‘宫灯’花开正旺，铁线莲竞相开放……我们在这里聊生活、聊朋友，很多很多……

在二楼还有个不大的阳台，上面种了很多月季和铁线莲。

4月末的春日，阳光已经有些耀眼，院子里的花草们却享受着这无限美好的春光，竞相怒放着。这是位于上海松江的花友“@胡胡乐”的花园，不大的面积，却是春意无限，有盛开的长寿花和天竺葵，也有各种的铁线莲和月季。

主人胡姐姐颇让我吃惊，儿子在国外，大多数时间是她一个人在家，却是满园的花草、满屋都是各种收藏摆件，还养了好几只狗狗，一只年纪很大叫“博美”，最受主人的宠爱，还有几只雪纳瑞，像极了我家养的娜鲁，都怀疑是不是它们有血缘关系。宠物里甚至还有蜘蛛。聊起这些，胡姐姐便微笑着。她说一直关注我的微博和博客，觉得我们之间有很多相似的地方，比如对生活的热爱，有些许的桀骜不驯，崇尚自由自在……不知不觉地，我们便聊了很多，她过去的故事、她新的开始、她的追求和体会……有时候人与人之间会很奇怪，很多人认识很久，却依然保持着距离，也有一些人，只是初次见面，却像是熟悉了很久的老朋友一般。

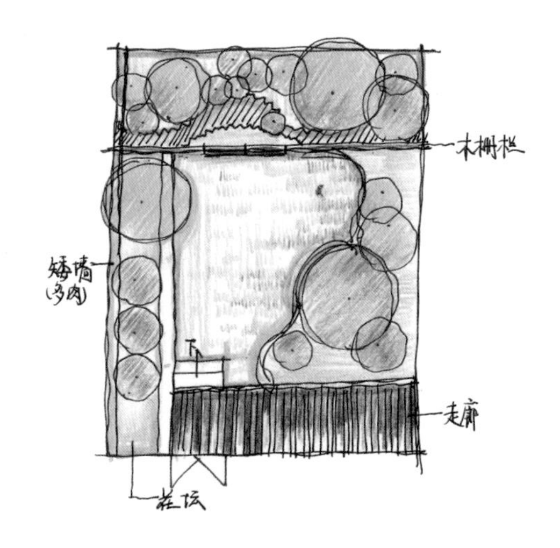

胡姐姐的房子是联排别墅，两边都有高高的围墙把院子和邻居隔开，便有了更加私密的空间。围墙上最阳光的位置摆了很多的肉肉，都种在别致的花盆里，生机盎然的样子。

院子不大，靠近房子的位置是个宽大的门廊，这里设计了一个大狗屋，是那几只雪纳瑞居住的空间。院子里有一棵巨大的山楂树，4月的春日，正开着白色的花儿，需要到二楼的阳台上才能拍到。看来院子里还是需要有大树的，春天时开出细碎的白花优雅美丽，秋天时便是满树红红的果子，在夏天更可以带来一整片的阴凉，一些不耐暴晒的植物可以摆在树下。另外，还可以在树枝上挂上很多喜欢的吊盆和杂货，花园空间变得更大，也更生动了。

宫灯长寿花开得正欢，因为种在树旁，上、下午阳光充足，正午又有大树遮阴，所以长得这么好。

生锈的打水把，沧桑的石磨块，静默不语，任花开花落，冬去春来。

山楂树下的老式瓷缸也是我喜欢的，还有生锈的打水把，以及主人淘来的各种石块，虽然植物有些杂乱，却是毫不造作，属于大自然的气息。一棵巨大开着满满灯笼样小花的宫灯长寿也靠近树下，阳光充足，而正午最暴晒的时候又有大树的遮阴，特别适合它的生长。和宫灯长寿种在一起的是虎耳草，正开着小花，非常迷你，像一只只翩翩起舞的小蝴蝶。院子两边的围墙则攀援着铁线莲，宝石红的‘里昂’、蓝色的‘劳森’和‘总统’，在黄色围墙的映衬下更加妖娆了。

院子的最外侧还有一堵矮篱笆，隔出了另一个区域，主人计划是用来种蔬菜的，结果几棵大树长得太好，便抢了蔬菜的阳光。铁线莲‘巴蒂森’却特别喜欢这个位置，枝条渐渐地爬上了树干。一阵微风吹过，巨大柔软的花瓣像是在树叶间舞蹈。

房子是联排，高高的围墙把院子和邻居隔开，便有了更加私密的空间。围墙上最阳光的位置摆了很多的多肉植物，一棵棵生机盎然的样子。

山楂树下的这口老式瓷缸也是我喜欢的，不知哪里淘来的石块，虽然植物有些杂乱，却是毫不造作，属于大自然的气息。

胡姐姐家二楼还有个不大的阳台，也是种了好多铁线莲和月季，以及各种的肉肉。最近我们的喜好都差不多。

在胡姐姐家并没拍很多照片，多数时间我们都在聊天了。胡姐姐把自己的生活经营得丰富多彩，养花养狗，还出去到处旅行摄影，参加各种活动。

虽然日子不可能总是如意，会有波折坎坷，会遇到各种的人，让你心痛心伤。但无论怎样，做一个坚强的女汉子，精彩而骄傲地活着，享受每一段美好的人生，也享受一个人的细水长流。

小狗、红玫瑰蜘蛛，以及各种小摆件，让花园里充满生气。

一只年长的博美，毛有点脱落，很害羞的样子，不好意思让我拍照。我最惊讶的是它十几岁的高龄，竟然还有如此清澈和纯真的眼神，它一定是幸福地，感受着主人的宠爱，没有受过丝毫的伤害。

花园里的大山楂树上，挂着各种吊盆及饰品，花园的立体空间变得丰富、生动。

乐在园艺，乐在分享

Joy in sharing

主人：乐妈（新浪微博@happymother韩郁梅）
地点：上海松江
面积：后院30m^2、前院10m^2、露台20m^2

乐妈友善而热情，周围的几个邻居在她的影响下也都开始喜欢种花，于是她一家家地去指导，还带着她们去花市采购，甚至把家里播种的小苗种好开花后到处分享。园艺的乐趣不仅在于花园的欣赏，更是分享所带来的快乐。

乐妈的花园有院子和露台两部分。一进花园，就会看到藤本月季、铁线莲等攀援植物爬满了整个墙面，将一层的院子和三层的露台有机地连在一起，立体空间特别丰富。

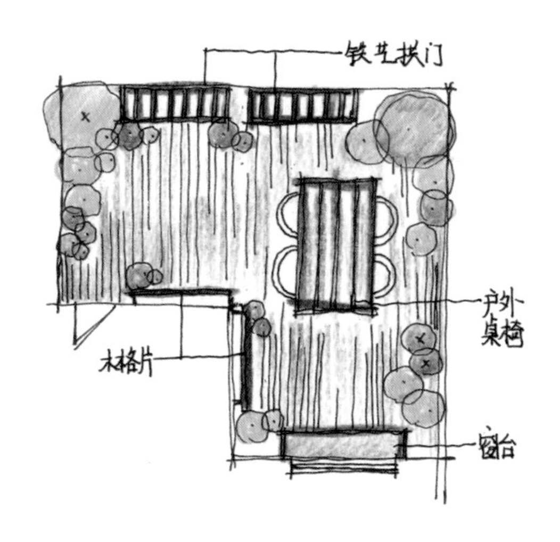

乐妈，也就是论坛上的 Happymother，有段时间，我们两个加上花友燕子组成了腐败三人组，经常一起逛花市，咖啡馆喝茶聊天，有时候就这家那家的在花园里晃悠，然后等主人的饭菜上来再评论一番。后来乐妈全家搬去了美国，漂亮的房子也换了主人。心里很多的不舍，不舍乐妈，也不舍她美丽的花园和露台。

乐妈的花园建设经过了几个阶段，我有幸见证并分享了她和花园一起的点点滴滴。我想，每位花友打理建设自己花园的过程，也是自己从菜鸟成长为达人的过程。

2008年11月 建设中

第一次去乐妈在松江新城的家，北院已经布置好了，印象最深的是一条老的石磨盘铺出的小路，两边种着细叶麦冬。因为小路比较阴，光照不好，植物的选择也比较有限，其中四季海棠和紫叶酢浆草是最出挑的色彩。一棵红枫种了没多久，还没出状态。几棵藤本月季稀稀拉拉地长着。

前院有个停车位，边上是物业的绿化区域，还没有被乐妈开发，不过有了很多想法，蠢蠢欲动中。露台也还在建设中，窗台前是应季的波斯菊和蓝猪耳正在开花；角落上有个大缸种了一棵略微秀气的紫薇，铁艺的拱门也摆好了位置，乐妈在两边种上了藤本月季，计划春天的时候有满满一廊架的月季花开。架子上更多的则是乐妈播种的小苗，旱金莲、角堇、飞燕草……而乐妈已经有点开始花痴的感觉了。

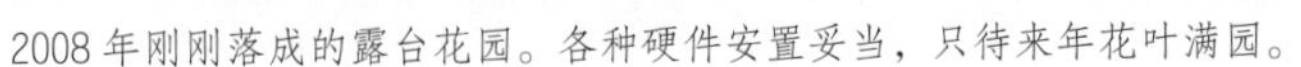

2008 年刚刚落成的露台花园。各种硬件安置妥当，只待来年花叶满园。

2009年5月的花园，与之前相比已经大变样。上年栽种的铁线莲和月季，已经显出了它们应有的美态，各种应季的草花、饰品，让花园显得细腻而丰富。

2009年5月 大变样

第二年春天去的时候，刚走近就被惊到了，三楼的露台上已经琳琅满目，红色、蓝色、白色的矮牵牛、天竺葵，各种花儿争奇斗艳着，靠外的栏杆上都挂满了。去年的藤本月季一个个都开满了花儿，虽然还没有爬满黑色拱门，但枝条生长迅速的铁线莲霸占了拱门的位置，拱门廊架下还挂着天竺葵，色彩也变得更加丰富了。露台上还增加了不少松柏类的植物，搭配着细致的耧斗菜、飞燕草等草花。

停车位靠墙的位置有一小片空地，也被开发，藤本月季‘大游行’已经开满了墙面，乐妈还在这个位置种了蔬菜。

北院也换了些植物，种了一些绣线菊、毛地黄和落新妇，虽然不如露台上那样鲜艳灿烂，几棵直立的花序从一片绿色中脱颖而出，却也是另一种味道。

篮子、啤酒罐、饮料罐、竹篓子，甚至小孩不用的旧浴盆，在乐妈手里，都成了别致的种花容器。这些小创意，是花园充满灵气、生机的重要缘由。

2010年6月 美丽的花园

第三年春天有些忙，于是到乐妈家的计划一拖便拖到了6月份。这个季节，花儿已经开到了尾声，露台上更显得郁郁葱葱。印象最深的是几棵铁线莲，重瓣的‘小绿’和‘蓝光’，小花的‘丰饶’和‘小四’等都已经长出了壮观的规模，开得如火如荼，乐妈很遗憾我没有看到春天那些早花铁线莲的效果。不过不同的季节总是有不同的味道。

前院门口的公共绿地也在乐妈的努力下逐渐开发了出来，飞燕草、百合和鸢尾竞相盛开。

而经过几年的花园建设，乐妈也成长为绝对的园艺高手，她收集很多国外的园艺书籍，把各种创意付诸实践。各种日常的瓶瓶罐罐也都成了乐妈种花的工具。木制的轮子则被装在了门口的窗户上，成了别致花境的背景。

她还特别热情，周围的几个邻居在她的影响下也都开始种花，于是她一家家地去指导，还带着她们去花市采购，甚至把家里播种的小苗种好开花后到处分享。

是的，园艺的乐趣不仅在于拥有，也在于分享。

乐妈的花园特别有层次，从前院到露台，有乔灌木，有爬藤植物，还有各种应季草花。

有花有园好生活

Garden dream

主人：燕子（论坛名@winglessyanzi）
地点：上海闵行
花园面积：200m²

这个庭院其实并不大，围绕着双拼别墅的西面。设计上却曲径通幽，自然地分成了很多的小块，又能将各处的功能和景致兼顾，每一处风景都不同、惊喜不断。

进门后一条石径就把客人引向房子的门厅，院子靠墙的角落里是各种小花境，有的种在花坛里，有的用容器组合而成。

进门处两个门柱上摆着的是我们一起捡来的废弃水泥大花盆，种上花叶蔓长春藤，混合一些粉色矮牵牛，效果很好呢！

多年前我们有个腐败三人组，成员就是乐妈、燕子和我。三个女人经常在一起，逛花市、出去吃饭喝茶，或者这家那家坐坐，非常逍遥。

花园主人燕子，在日本生活了很多年，现在是上海一所高校的教师。院子是她最享受的地方。工作之余，带着刚上小学的女儿，可以种花、喝茶，甚至还种了很多的蔬菜。生活除了工作，因为院子，更变得多姿多彩。

院子位于闵行区一个幽静的小区内，基本都是双拼或独栋的别墅。燕子家的院子绝对是该小区的地标——看到两边开着粉色矮牵牛，有花叶蔓长春垂下的大花盆，就来到燕子的庭院了。

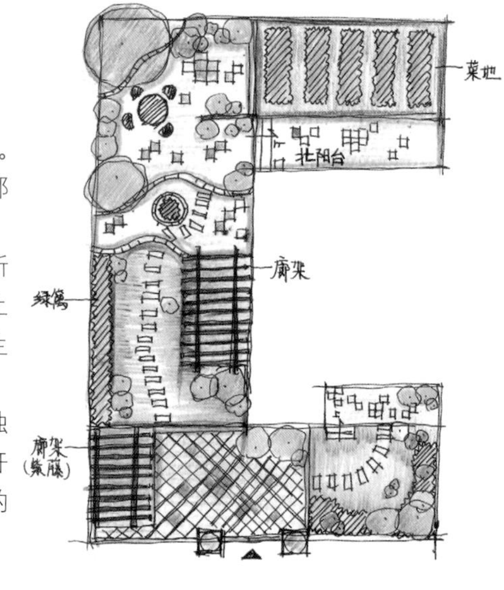

进入院子，最先映入眼帘的是一块碧绿的草坪，有石头小径直接可以走到屋子的门厅。草坪的一侧是高大的篱笆，春天，篱笆下粉色的藤本月季和幽香的金银花爬满了篱笆，隔壁的邻居禁不住这等诱惑，也忍不住种起了花。篱笆下是高低错落搭配的花境，高大的毛地黄、中层的郁金香，以及最前面低矮而灿烂的草花都盛开着。

草坪的另一侧是紫藤的廊架，两年了紫藤一直没有开花，有些失望，紫藤架下挂的秋千却是成了女儿的最爱。 荡秋千的时候，脚下是一片美丽的白晶菊，像是在白云上飞翔。

廊架旁便有石头的小路通往院子的深处，就着地势的起伏，做了好几个层次。 石块砌出的平台，也成了过道和后面休憩区的自然过渡。

院子边上的一棵梅花每年春天开满白色的花儿，漫天云彩一般，夏天则收获很多的果实，可以用来酿梅子酒；燕子有个做梅子酒的秘方，每年都泡满满的两大坛梅子酒，想起来都会垂涎欲滴。

顺着廊架往里，就着地势的起伏，做了好几个层次。

燕子家是那种双拼别墅，围着房子周围的都是她们家院子，所以，有这么一个不窄的过道。一边是绿篱和花境，另一边则是地下室阳光房上搭出来的廊，沿着中间的草坪和石头小路，慢慢往里面走吧。

另一面燕子也没有浪费，做了一个小花坛，稍许喜阴的植物和香草就种在这里。

看到这个隐蔽在小矮墙上的水龙头和下面的石臼了吧，一到夏天，这里便是孩子最喜欢的地方。他们在这里放满水，然后舀水浇地浇花，弄得浑身都湿了。

再往里便有一处稍许宽敞的石砌平台，一旁的花坛里种着波斯菊、鼠尾草和耧斗菜。这里摆着户外桌椅，屋子后面的厨房有走廊可以直接到这里，清晨或傍晚，一家人便直接在这里用餐了。还有一堵矮墙，正好把水池自然地嵌入，这里也作为花园和后面菜园的隔断。

庭院其实并不大，设计上却曲径通幽，自然地分成了很多区域，又能将各区域的功能和景致兼顾，每一处都风景不同、惊喜不断。

燕子的老公有严重的草坪和石头情结，所以这个院子里这两样一定是不能少的。尽管草坪的打理让燕子很是头疼。不仅春天需要经常清理草坪上掉落的花瓣，还需要定期修剪，清理杂草；而草坪还需要光线好，不然，稍许荫蔽的地方很快就变得光秃秃而露出了泥土的地面。

院子的墙角、矮墙上，到处都是应季的草花盆栽，很是热闹。

去年燕子把小院进行了一些改造，原来后院的草坪变成了石头的地面，围着大树还做了一个花坛。地面布置好了，摆上了户外的桌椅，现在每天下班后的燕子都要在这里坐很久，看书，上网，晚上点上蜡烛继续，直到睡觉才依依不舍地离开。老公也终于感受到了改造的好处，天气好的日子，常常忍不住建议：我们到院子里去坐坐好不好？

后院里原来的草坪改造成了现在的硬铺装，摆上桌椅，现在成了全家人活动最多的地方。

燕子家的这个菜地不大，产出却很丰富。莴笋、西红柿、茄子、韭菜、生菜、丝瓜、豆角，应有尽有。这个我是超羡慕的，自己种的菜又安全又好吃。可惜我的院子太小了！

日式庭院里的石头情结

Stone story

主人：轻烟（新浪微博@轻烟的园艺生活）
地点：上海闵行
花园面积：$120m^2$

院子里的每块石头，都有它的来历，这些石头，也让花园里故事满满……

院子大小的石块，多数都是主人从各地捡回来的。

一个有味道的院子，一定是承载着很多的故事。

院子的主人叫轻烟，最初是因为喜欢院子才买的房子。为了打理好这个院子，轻烟上论坛看各地花友的院子，收集灵感，想到一个好主意的时候，甚至半夜起来画草图；如果喜欢某一种植物，便不惜到处搜寻，想方设法地买到种到院子里；花园里盆器也是都有着它们的来历，每一块石头，也是轻烟在外旅游的时候带回来……

4 月 28 日，应邀来到位于上海松江区的这家庭院，阳光非常强烈。轻烟平时在市区上班，只有周末才来打理这个院子，我到的时候她也刚到，包还没放下，先给我打开了院门。院子属于联排别墅，前后两个院子，但都不大，每一处都能窥出主人巧妙的心思。

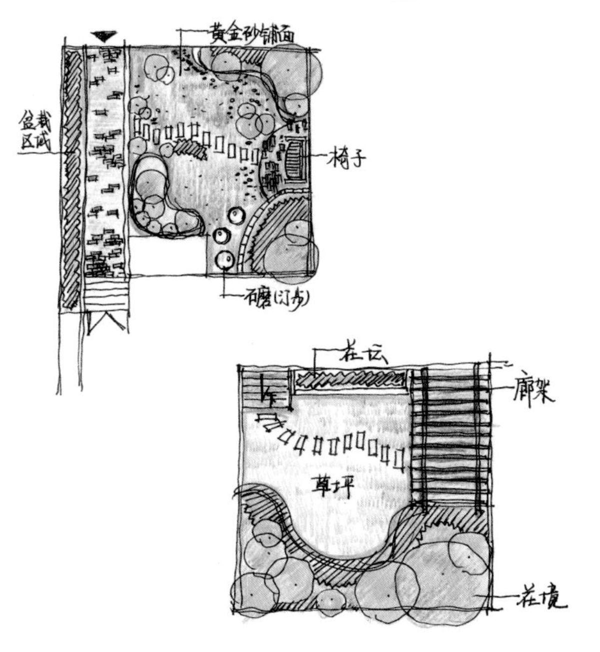

前院：石头主题的半日式风格

前院很方正，半日式的风格，进门是一条弯曲的红砖路，通往客厅大门。轻烟说，本来这是一条笔直的红砖路，她自己一个人抠啊挖的，花了好几天时间，硬是把小路做成了现在蜿蜒的曲线，再搭配种植各种灌木、草花、多肉植物以及大小的石块，一下子便变了样。多余的红砖块还在台阶旁的角落布置了花瓣型的花坛，物尽其用。

院子里有各种彩叶的枫树，一棵最早种下的树枯了，树形却是很有特色，便留下了枯枝，挂上植物的吊盆和叮当作响的木质风灯，底下搭配了老旧的木桩，边上布置了色彩艳丽的矾根，却营造出特别的效果。

地面先用两层无纺布铺上，再铺上厚厚的一层石子，不仅可以让雨水快速地渗入地下，无纺布还可以防止土里的野草钻出来，让石子的地面更加干净整洁。

角落的位置是轻烟收集来的几块圆形的石头磨盘，中间和边缘铺上鹅卵石，便是一条特色的小路。

有些种肉肉的盆器，看上去像是石头质地的，但其实是仿的，风格和院子很搭。

沿小路的左侧便是庭院的主体部分了，周围的四个角落分别做了不同的布置。中心部位便是铺上了这个黄色的小石子。石块铺出的小路，将进门的路和花园连在一起。

除了黄色的碎石子，竟然所有的石头都是她和家人从各个地方捡来的，非常自然地布置在院子里，真是别出心裁。还有一个石槽，是她和老公一次在浙江山区旅游的时候看到了，脏脏的摆在那里，她就爱上了。求主人卖给她，主人看她那么喜欢，钱都不要直接送给她了。为了和院子的风格搭配，种多肉的花盆轻烟采用假岩石质地的，真真假假分不清，特别和谐。轻烟和我一样，也是一发不可收拾地迷上了多肉植物，这些石头配多肉，加上石头形状的盆子，摆在石头的院子里，真是特别地和谐。

进门小路用红砖铺装，左侧便是花园的主体部分，用石块和小石子铺出一条路，连接进门的红砖路。

轻烟家还有一个后院，不大，搭了一个葡萄架，架下是木桌木椅的休息区。破轮胎、树桩、小木车都成了一道风景。

主人收集了好几个品种的枫树，特别喜欢各种彩叶植物。

幽静的后花园

轻烟家还有一个后院，不大，搭了一个葡萄架，架下是摆了木桌木椅的休息区。破轮胎、树桩、小木车也被用心布置在院子的各个角落，成了一道独特的风景。还有一个不大的草坪。后院更多地为家人提供一个休憩放松的场所，围墙上则让铁线莲顺着竹竿往上攀援，春天的时候，绽放满墙妖娆的花朵。

其实我是一个不善于和人交往的人，很不擅于了解别人的内心，像是面对一本合上的书，不敢去轻易打开。然而，自从种花摄影以来，通过花草、通过庭院，我感觉像是打开了一扇了解别人的窗户，即使不通过语言，也和主人有了心灵的交流。在轻烟的庭院里，我切实地感受到了她对生活的热爱，对美的欣赏和追求。她的院子，更像是一个故事，一个充满灵气的世界。

各种肉肉及小摆件，为花园增加不少情趣。

心与花草的灵犀交流

Talking with followers

主人：AKK（新浪微博@AKKLematis）
地点：上海嘉定
花园面积：130m²

每一个用心营造的庭院，一定是带着主人特有的气质和他日常生活的气息。带着黑框眼镜的AKK，全身透着时尚范儿，热爱园艺、热爱生活，斯文、沉静，热情而不张扬。

是春天，下着细雨，我和一帮花友们应邀来到了大男孩 AKK 的家。

迎着细雨，在 AKK 家的庭院里踱步，像是置身于一场迷离的梦境，沉醉不愿醒来。粉色的月季花、白色的绣球、蓝色的铁线莲，在嫩绿的叶丛中娇媚地绽放，有种在地上的，有栽在容器中的，错落有致。鲜花绿植丛中的青砖隔断、原木靠椅，还有硕大的太阳伞下硕大的躺椅，都能诠释主人对生活的理解和向往。

其实，每一个用心营造的庭院，一定是带着主人特有的气质和他日常生活的气息。带着黑框眼镜的 AKK，全身透着时尚范儿，热爱园艺、热爱生活，斯文、沉静，热情而不张扬。相处久了还能体会到他的善良。这个院子，已经融入 AKK 生活的点滴之中。

他的善良与阳光，洒落在庭院的每一处。在表妹出国求学前夕，他用从院子里采摘的花儿做成干花花束，作为特别的礼物送给她；来做客的小朋友不小心把他院子里最心爱的瓷娃娃摔坏，他虽然惋惜着，却又安慰地说："没关系了，美好的东西总是美好的"；他会在初冬到来的季节，因为冻死的小鸟而伤怀，他说："院子里也是个小世界，一样有悲伤有快乐，忧伤的小鸟在初冬的寒风中离去，任人凭吊，无力改变，生命的坚强与脆弱在这里轮番上演。正如春暖一定花开，小鸟是去往了温暖的天堂。"

在空闲的日子里，他会和老哥坐在院子里一起喝茶、聊天，和家人一起在院子里烧烤、火锅，小朋友们在院子里嬉笑玩闹，一家人其乐融融，感受生活的美好。

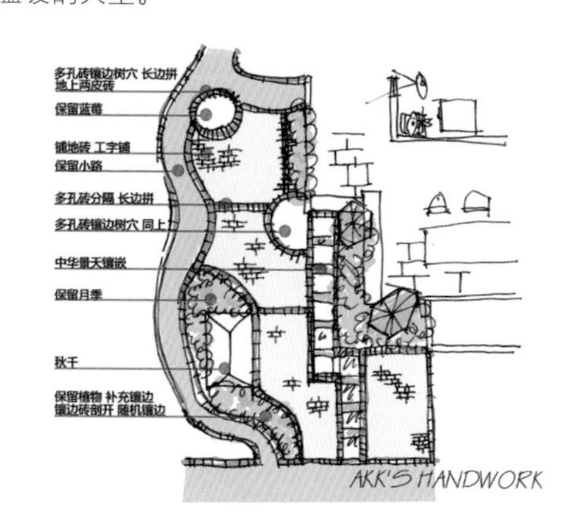

每年，他都会安排专门的时间，备上自己烘焙的茶点，邀请一些要好的花友们在花园喝下午茶。桌子上每壶茶、每样饮品，每个精致的桌花，也无一不是他精心准备的。这样的花园下午茶，让人从视觉，到感官，到心灵深处，都妙不可言！

有时候老哥安静地在一旁看书，他则在院子里修枝剪花，拾掇花园。他是一个追求完美的园丁，每一处的植物配置，每一棵花草的生长，每一个角落的安排，他都会用心地去营造。他说："花园的生长不是一蹴而就的，是需要主人用心经营和栽培的。"

在微博上，AKK 给自己的定义是：园艺爱好者、烘焙专研者、生活设计者。是的，他就是一个美好生活的设计者。

花园入口处内墙上的蔷薇花瀑，非常震撼。

AKK 的花园面积并不算大，但容纳的内容极多，却被安排得错落有致。

从入口处进到院子里，你就会被那棵已经铺满入口墙面的大蔷薇震撼，白色的蔷薇如同花瀑一般从墙上倾泻而下，它绝对是花园植物里的老大。除此之外，绣球、铁线莲、多肉、玉簪……整个小院里就像一个小型植物园。

1、2　穿过入口的蔷薇花瀑，映入眼帘就是这片区域，有桌椅，旁边是一个水池，上面高低错落地摆着各种植物，远处用青砖砌成的墙是院子里最有特色的“硬件”。

3　种满花花草草的院子摆上这样一把椅子，院子就立刻生动了起来，也更具有生活气息了。这把椅子是 AKK 在某个家具店淘来了，差不多要 2000 元，不过质地很好，柚木刷清漆，摆在户外两年了，竟然一点都没有变旧和褪色的痕迹。后面高大的是木绣球，椅子底下，生命力特别旺盛的花叶蔓长春枝条四处蔓延，每年春天的时候，开美丽的紫色小花，也是特别皮实的品种。此处的花境要素主要有：长椅、红陶罐、铁线莲、绣球、羽毛枫、花叶蔓长春。

这堵青砖砌成的挡墙是整个院子最有特色的一处，非常生动。围墙中间还有一个大大的窗口，中式园林风格的围墙窗口一般会是瓦片堆砌的波浪形图案，从外面看，庭院内的景致若隐若现。不过，AKK的这个窗口却是敞开式的，堆放着一些花花草草，在围墙的边上，种植了红枫、柳叶马鞭草、铁线莲等高低错落的植物，生机盎然。

青砖砌成的挡墙后面，便是这张硕大的躺椅，外侧是花园的另一个出口。

大躺椅的内侧，便是这个花架，上面也爬着蔷薇，下面则是主人淘来的各种植物新品。

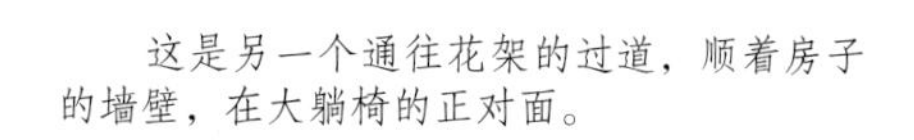

这是另一个通往花架的过道，顺着房子的墙壁，在大躺椅的正对面。

院子外面，带有芳香气味的大叶络石爬满了整整一堵墙，油亮的叶子即使在冬天也不会凋落。买来的时候是很小的一棵，地栽加上合适的肥料，才两年功夫就成了花墙。

花园入口的台阶边也摆满了各种盆栽，彩叶天竺葵我非常喜欢。

邻家小院也妖娆

Maple's mini garden

主人：Maple（论坛名@Maple）
地点：上海闵行
花园面积：15m²

院子不在多精致，花不在品种多丰富，最关键的，是种花人自己的心情。即使是这样一方小院，也能满足无限的园艺欲望……

小院另一侧也是一个花坛，种了好几个品种的月季，Maple的月季种得真是非常好。

花坛里的，盆栽的，各种应季的草本花卉，显得院子里生机盎然。

花友 Maple 家的小院很小，狭长型的，外面便是公共绿化了。不过，对于热爱种花的人来说，有这么一块地方折腾，可以种上自己喜欢的花草，可以每天在院子里悠闲片刻，便就拥有了最美好的时光。

小院的东面靠近邻居家，有个小栅栏隔开，Maple 做了一个小型的木质廊架，两边种上了藤本月季，春日里两边的红色粉色的藤本月季顺着柱子一路开花，逐渐向上。葡萄架下砌了一个半圆的小花池，角落里种了一棵红枫，即使在花儿不多的夏秋季节，院子的色彩仍然是丰富而鲜艳的。小花池里还种了萱草、绣球、石竹和美女樱，高低错落、热热闹闹的。小院另一侧则是一个长方形的花池，稍许高一些，正好可以用来种月季，不容易积水。Maple 种了好几个品种的月季，黄色、白色、红色，各种的鲜艳，靠着一旁的栏杆，都开到了隔壁的院子，总是引得邻居也在这里驻足，投来无数艳羡的目光。

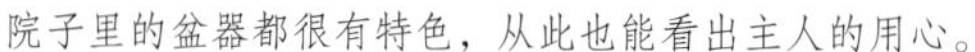

院子里的盆器都很有特色，从此也能看出主人的用心。

因为院子比较小，为了给孩子留有更多的活动空间，中间的部分铺设了地砖。不过这也丝毫不影响热爱种花的主人，周围靠边的位置摆上别致的红陶盆、木格盆，便种上了金雀、杜鹃和景天。更可以在栅栏上挂些小花盆，天竺葵、角堇、矮牵牛在通风光照的条件下开得更为茂盛。而我最喜欢的则是那棵藤本月季‘甜梦’，梦幻柔美的黄色，搭配黑色的铁艺花架，实在太美。更疯狂的是，Maple 把紧靠房子的这一边的墙角跟也都摆上了花盆，一度连下脚都是有些困难。虽然 Maple 偶尔也会抱怨院子有些太小，一楼的蚊子太多，还有些偏潮湿，甚至羡慕起朋友屋顶上的露台花园。但是看到小院里美丽的花儿盛开，收获的却都是满满的喜悦。

每天清晨，Maple 会先来到院子，浇水修剪，看着心爱的花儿们在朝阳下欢快地呼吸，一天的心情随之而晴朗；还有，每天下班后回到家中的 Maple，第一件事情便是推开院门，微笑着看着这些花儿，花儿们也格外努力地为她绽放。深爱着这些花儿们的 Maple, 每一天都感受着小院生活的美好！

其实呢，院子不在多精致，花不在品种多少，最关键的，是种花人自己的心情。即使是一个小露台或者小阳台，或者这样的小院，甚至只是窗台上的一小盆植物，真心喜欢了，便能感受到美好！

廊架下的半圆形花坛，各种植物布置的花境层次错落。

最喜欢这样的趣味搭配。

建筑丛林里，那一方花花世界

Among the bulidings

主人：竹韵（论坛名@竹韵）
地点：上海长宁区
面积：30m²

在钢筋水泥的丛林里，这里有一块绿色的自然天地，把城市的喧嚣隔绝……

5 月 23 日，因为藏花阁论坛的花友纤手香蔓到上海来，乐妈就带着燕子和我，一起上竹韵家和她碰头，韵姐也是藏花阁的老花友了，种了很多的花，能上韵姐家的露台看看，一直是我的愿望。

韵姐准备了很多美食和花苗，我们则心安理得地又吃又拿。每次花友聚会，总是主人很热情，客人则表现得像个强盗一样。

不过，之前很少参加这样的聚会，能认识更多爱花的朋友，真的很开心。也因为这次聚会，后来很长一段时间和乐妈、燕子组成了腐败三人组，经常这家那家或者花市到处晃悠。那么快乐的时光，直到乐妈去了美国。

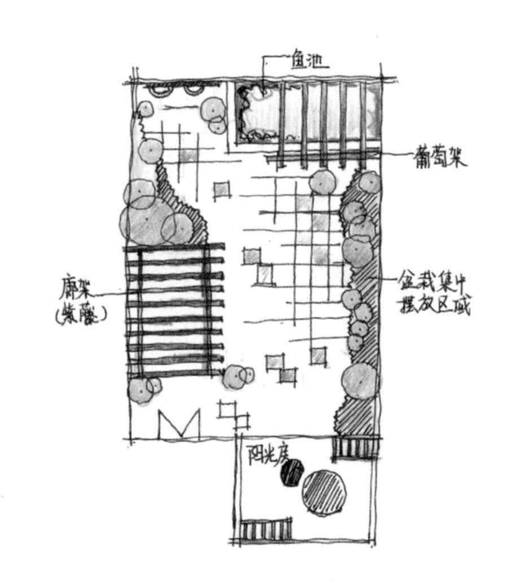

看看韵姐家的露台吧，给我最深的印象是非常整洁，植物品种繁多。韵姐家在虹桥地区的一个老小区的顶楼，周围看出去都是楼房的屋顶，在建筑的丛林里，韵姐经营着一块绿色的大自然天地，把城市的喧嚣隔绝。

露台不大，大概在 20 平方米的样子，从楼上的阳台房可以走出去，出门便是一个靠墙的木头廊架，紫藤已经爬满了架子，墙上还钉上了木头网片，牵引着爬藤类的植物；另一侧是露台的矮墙和围杆了，挂着长条花盆，盛开着各种应季的花儿。靠矮墙的位置，也是光线最好的，重重叠叠地摆了好几层。每一个爱花的人都会有那么些许的贪心，灌木、宿根、草花，什么都想种；还会忍不住买了种子回来播，一不留神便一大盆一大盆的，更嫌地方局促了，便羡慕起有大花园的人家来。

看着自己的小露台，没办法，韵姐只能琢磨着怎样更充分地利用这一小块的空间，让四季都有鲜花盛开。所以在角落的鱼池里，种上了睡莲，边上一圈的位置，也摆满了各种盆栽；夏天的露台上温度会太高，其实养鱼会有些太热，不过，搭一个简易的架子，爬上葡萄藤，葱郁的绿色叶片遮阴也可以降温。我欣喜地发现几串葡萄已经渐渐变成了紫色，很快就可以摘下吃了。

院子或露台上一定要有个葡萄架，增添立体的空间，还能给盛夏的花草提供一个庇荫的场所。

露台的一角，竹韵做了一个鱼池，上面用竹竿搭成简易的葡萄架，种上葡萄可以遮阴。鱼池边上还摆满了各种盆栽，鱼池里面种着睡莲。

阳光房里，除了摆上了放多肉的架子，还有一小块育苗区，家里小孩养的兔子，也安置在这里，看我拍照，兔子很好奇。有这样的一个花园般的露台，这只小兔子，也是快乐着的吧。

露台上满是盛开的应季草花，白色的矮牵牛和金鱼草，和主人一样的淡雅。

露台上的春花秋月

Seasons of terrace

主人：王涯（新浪微博@露台春秋-wendy）
地点：上海闵行
面积：$16m^2$

尽管只是一个很小的露台，却可以簇拥在春日的繁花似锦中，一旁蝴蝶在花间飞舞，廊架上悬挂的风灯摇曳；欧洲月季飘来淡淡的清香，在小摇椅上坐下，忘却所有的忙碌和烦恼，这里是完全属于自己的梦幻世界。

送完女儿馨馨上学，给狗狗 Lucky 洗完澡，把乱七八糟的屋子整理完，馨妈便习惯性地来到露台，一旁蝴蝶在花间飞舞、廊架上悬挂的风灯摇曳；欧洲月季飘来淡淡的清香，在小摇椅上坐下，忘却所有的忙碌和烦恼，此时，是完全属于馨妈自己的美丽世界。

主人露台春秋（我们更习惯叫她馨妈），有一个从阁楼延伸出去的朝北的小露台，才 10 多平方米，只有春、夏、秋三个季节才能享受到有限的阳光，而周围一圈是半人高的护墙，要说种花的条件，真的很有限。不过馨妈却充分发挥，把小露台上铺上木地板，顶上搭好网格状的花架顶，用铁丝围绕柱子，种上了藤本月季‘安吉拉’，春天的时候粉红的花朵盛开着攀援而上；而顶上的廊架则挂很多矮牵牛、天竺葵。周围的矮围墙上也摆满各种的多肉、月季，春天里有紫色黄色的角堇，秋天有蓝色星星般的贝壳花。

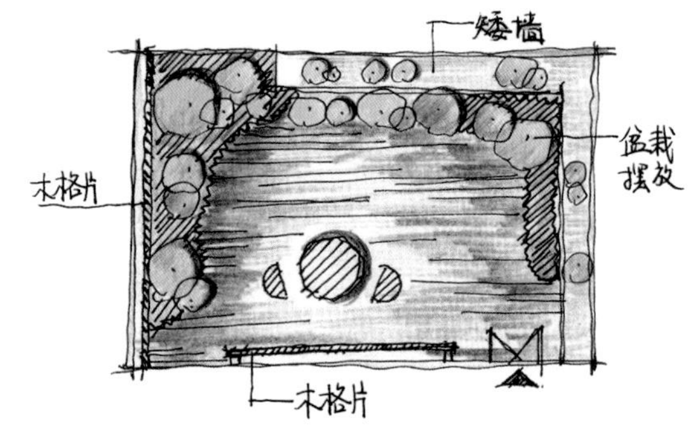

花园的外墙边，馨妈作了铁艺花架，丰富了花园的线条和空间。

西面的矮墙上，馨妈自己动手布置了一个铁艺的拱门，旁边搭配木质的网格，藤本月季和铁线莲便有了更多攀爬的位置。露台上也更立体丰满了。

应季的花卉非常多，铁线莲的品种就有好几个，还有矮牵牛花、天竺葵等，满园争奇斗艳。

已经爆盆的‘清盛锦’，还有黑法师等肉肉，将花架塞得满满当当，这都是主人手心的宝贝。

其实露台上不仅月季和矮牵牛长得特别好，馨妈的多肉植物更是吸引人眼球，那些种肉的花器，也是非常别致。陶罐、红陶盆，甚至还有破瓦罐，搭配组合的多肉盆栽，立刻变得特别起来。

多肉植物市场这几年越来越热，还记得那些年经常和馨妈开车到新桥花市，白牡丹、黄丽什么的多数都是一元一盆随便挑，品种稀有一些的也才几元到几十元。我们也买很多回来做各种组合。馨妈还有一盆‘清盛锦’，养了很多年，小头越来越多，爆了满满一盆，非常壮观美丽。那天和馨妈看着满满一架子的肉肉们，说：貌似我们养的这些肉增值了很多呢！ 是啊，每盆都是宝贝，又舍不得卖，就偷着乐吧。

多肉植物是一个精灵的小世界，黑法师像一棵大树，景天类的肉肉则更像是永不凋谢的花朵。

女儿馨馨也常会帮助妈妈打理露台。花园的滋养，对于孩子来说，是一生都能享用的精神财富。

馨妈说：地方有限，露台上阳光也不好，夏天太热、冬天太冷。所以格外珍惜每年的春天和秋天。早春，气候刚回暖，她便开始了露台的忙碌，把耐过冬日寒冷的月季、铁线莲和球根们搬到向阳的位置，浇水施肥，把在南阳台越冬的植物们搬到露台，还去花市买应季的草花，又一年的灿烂的春日花季便开始了。秋天，肉肉们肆意生长着，铁线莲和月季又一轮花季，还有各种的彩叶植物和观赏草，虽然没有春花那么明艳，夜晚降临，当城市渐渐地安静下来的时候，和老公一起坐在这里，晴朗的夜空，月光透过头顶的廊架，投下一片皎洁，这样的宁静是多么惬意。

花草总是会给我们带来生活的美好，享受生命的同时也充满着对生活的热爱和憧憬。便如这露台，春去秋来，春花秋月……

用热情浇灌的花园

Passion in garden

主人：严灵（新浪微博@冰冰的garden）
地点：上海闵行
面积：180m²

冰冰的院子和她的人一样，有时热情奔放，有时温和恬静。每次去她的花园，都有变化和惊喜——独特而浪漫的地中海挡墙，几块钱的多肉能养成艺术品，满园的藤本月季、绣球花……身处在这个院子，你能处处感受到主人的热情如春风般迎面而来。

花园入口的大门，铁质拱门上爬满了藤本月季‘曙光’，非常柔和的浅粉色。还挂有别致的花园园灯和装饰品。

两只宠物狗“大熊”和“小米”也是冰冰的家庭成员，冰冰打理园子，两只可爱的狗狗陪伴左右。

走进花园

和冰冰认识很久了，她的院子和她的人一样，有时热情奔放，有时温和恬静。

房子是双拼的别墅，周围“[”形的一圈便都是她的院子。院子的入口是一个爬满藤本月季的拱门，顶上正盛开着粉色的藤本月季‘曙光’，深色的木门在它们的装饰下，便有了庭院深深的意境。

走进去，映入眼帘的便是冰冰特别布置的中岛区，深黄色围墙做背景，以荚蒾、红千层等灌木搭配爬藤的铁线莲为中心，周围布置一些应季的草花、观叶植物和多肉植物，别具特色。

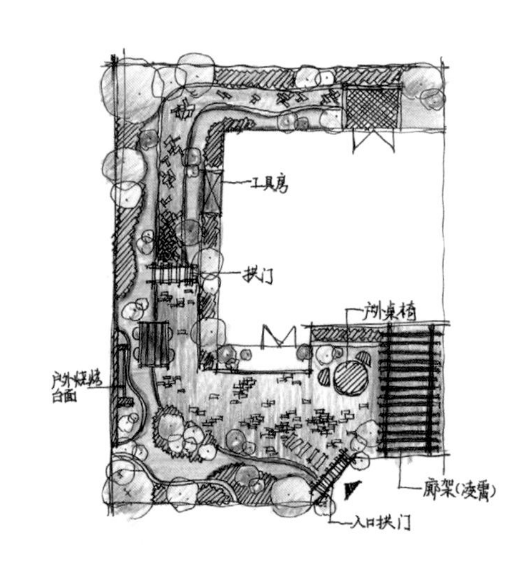

最具特色的是中岛区后面那一面深黄色的挡墙，像是用黄色的泥土随意砌成的，有着浓郁的地中海风情。冰冰说，院子之前并没有这堵墙，因为院子的外面是一条小马路，即使有绿篱和铁栏杆，也能很容易看到对面的商品房墙壁上挂满的空调机。这样的背景，实在是太煞风景了，和院子的景观太不搭调，所以，纠结了很久，也参考了很多国外的杂志，又借鉴了一些国内花友的院子，2011年，这堵别具特色的挡墙诞生了！围墙上几块带花纹的蓝色瓷砖是这堵墙的点睛之笔。因为它们，整个墙面立刻变得生动活泼起来，也更彰显了它的地中海风格。

紧靠挡墙，则设计了一个壁炉，款式是国外常见的真的可以烧烤的那种。壁炉上面是操作台，旁边有水池。壁炉因为用得比较少，成了摆设，如今台子上是多肉植物的天堂。

院子的围墙很长，开始全是栅栏和绿篱，显得单调，冰冰别出心裁地靠围墙边砌出坐凳和花坛，坐凳上面贴上防腐木条，可以坐下歇息，也可以摆上花草。以土黄色的墙做背景，对比很是鲜明！

院子地面铺装材料选择了黄色耐火砖，这是冰冰和邻居特地从东北淘来的，是旧厂房里拆下的旧砖，直接铺成小路，或者用来砌花坛，不用做旧处理，就有很自然的效果。

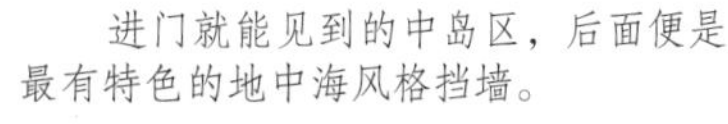
进门就能见到的中岛区，后面便是最有特色的地中海风格挡墙。

最具有特色的中岛区地中海挡墙。遮住了对面街道的嘈杂风景。挡墙旁边是桌椅，上面摆着各式各样的小摆件及肉肉。

地中海挡墙做起来其实很简单，砖头水泥砌成自己想要的样子，然后直接刷外墙涂料。颜色除了冰冰院子这样的深黄色，其实还可以尝试着纯绿色或蓝色，搭配浅色的花草，或者挂满鲜花盛开的天竺葵，更有一番味道。

认识冰冰

很多次，我们三五好友坐在“地中海”挡墙前面的桌椅边，品着冰冰沏的暖暖的山楂蜂蜜茶，吃着精致的点心，欣赏着院内花开花落，分享着彼此的故事。她对生活的热情，她的包容心，总是不经意地感染着我们。

“花园打理得井井有条的女人，一定是热爱生活的女人”，这话在冰冰身上体现得尤为贴切。绣球一朵朵肆意地盛开着；月季和铁线莲攀援而上，爬满了藤架和花房；多肉们不仅长得健壮，而且艺术范儿十足；花坛里自播的白晶菊、黄玛等草花争先恐后地绽放着自己的笑脸……花园里灿烂而美丽，只因有了冰冰这位对生活充满爱的主人。

在冰冰的眼里，生活就是这样的美好，无论是花园，还是家人，抑或是朋友，冰冰都用明媚的心对待。狗狗“大熊”和邻居家狗打架，被咬得骨裂，她每天送它去医院换药，常常抱着它悉心安慰。她说，狗狗和人一样，一旦受伤，心理也会受到伤害，甚至会因为一次的受伤而性情大变。在她的呵护下，大熊伤口长好了，而且性情也依然温和。

院子里有一个天竺葵枫叶天品种‘百年温哥华’，是她从国外带回来的，非常稀有，冰冰毫不吝啬地扦插、送人，再扦插、送人，如今她的‘百年温哥华’已经绽放在很多花友的院子或阳台。她很开心，她说：“分享是一种快乐！”

爱他人，也爱自己。冰冰经常会美容、按摩、护甲美甲；也会在家画画，或者去听评弹；也常会去国外度假。当然，她也会有不顺心、伤感的时候，每每此时，她就会对自己说：“珍惜现在所拥有的，末日很快就过去，一切从头再来！”这便是她一直感染着我的地方。

1. 种在深色粗砂陶罐里的这棵‘银波锦’，是冰冰的“镇宅之宝”，每一朵都像是硕大的牡丹，“花瓣”微微蜷曲，披着迷蒙的白霜。这是最自然的艺术品，种肉多年的“法老”们见了都一个个慨叹不已。
2. 只是最普通的‘白牡丹’，在花市一棵只需要几块钱，但是在冰冰手中三年后，却如同一件艺术品，意境深远。
3. 两个小矮人装饰的“皮鞋”里种的是‘旭波之光’。
4. ‘茜之塔’配合别致的花器，放在水龙头下形成粗犷与娇贵的对比，但风格却很搭。

花园里的肉肉们

冰冰种植多肉的时间并不长，但是种出来的多肉不但长得健壮，而且棵棵充满着灵性，艺术范儿十足，让很多老手们都望尘莫及。冰冰说这是因为自己和多肉有缘分。

看了冰冰养的多肉，有一种强烈的感觉，养多肉其实不在于品种多名贵、多特别，只要有心，每一种肉肉都能变成艺术品，给我们带来无限的惊喜。将它们作为一个元素融进我们的院子，会让院子更加丰富多彩。

除了肉肉，花园里的其他植物也种得非常好。工具房外面的藤本月季‘曙光’，爬满了整面墙。

火砖的间隙还嵌上碎石子，景天的枝条看似不经意地蔓延开来，伸进砖缝里，就这么留着，是野趣的味道！

多肉植物在冬季或夏季会休眠，因此在这两个季节水不能太大。多肉还可以搭配岩石、沙子等，形成各种多肉景观。因为怕冷，大部分地区多肉植物只能盆栽，不能直接种在院子里，因此为肉肉们配上合适的容器就非常重要。田园的红陶盆、复古的陶罐、铺上麻布的铁丝篮，甚至是一段枯木桩、一个画框，在冰冰的手里，配上不同的肉肉们，立刻就变成了气质非凡的艺术品。

院子外面还有一排小花坛，紧靠着珊瑚绿篱，种着红色的月季、紫色的细叶美女樱、白色的钓钟柳，间或种着低矮的蔓长春花和花叶络石。一个有爱的、用心的种花人，她家的门口也一定有美丽的风景！

院子外面的风景也很怡人，各种草花花境，盆栽组合，还有花园小品，都能让人感受到花园主人对生活的热爱。

Willkommen

随性的美丽

Free in heart

主人：Newcici（新浪微博@上海Newcici）
地点：上海闵行
花园面积：300m²

喜欢她的院子，也爱她独立的个性，不温不火、不屈不挠，温柔美丽的外表下一颗强大的内心。其实，作为一个女人，不管是家庭主妇，或是职业女性，最重要的是保持自身的独立，无论身在何处，都活出精彩。

认识花园主人 Newcici 很多年了，最开始对她的印象是热情而随性，她每一盆植物都种得很好，但因为有段时间爱上了烘焙，便把园艺放下，任由院子里藤本月季花瓣凋落一地，开败的郁金香枯萎，野草肆意生长……

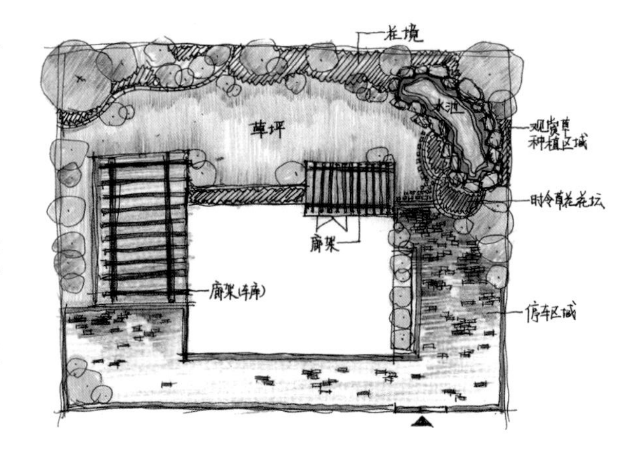

当认识的时间越来越长，渐渐发现随性是她的一种生活态度，她能尽善尽美地做好任何事，却又不被任何事所负累。

在春天，她会花很多的心思和精力捣鼓花花草草：买来很多特别品种的矮牵牛、天竺葵，播种、扦插、施肥、掐顶，每一盆都绽放成完美的大花球，毫不逊色于花市上任何一盆最美的植物；她喜欢欧洲月季，每一盆都养得丰满油亮，长出最完美的株型；她的绣球也是每一盆都开着巨大的花球，有几个品种甚至是用国外进口的鲜切花的茎秆剪下扦插出来的。

而到了夏天，天气炎热，院子里蚊虫比较多，她则会花很多时间做各样可口的蛋糕点心和美食。在原料和做法上，都追求尽善尽美。我吃过她做的蛋糕和点心，真心觉得即使是最好的烘焙店，也做不出来那样的味道。

她还花很多的精力教育孩子和处理工作，购物和交友也不耽误，每件事都游刃有余。很佩服她的独立，又不温不火。 其实作为一个女人，最重要的是保持自身的独立，不管在怎样的处境中，都能活出精彩。

主人这两年最爱的是绣球，收集了不少品种。从花市上买回来的进口鲜切花绣球，竟然也扦插活了，开出美丽的花球。

这是属于东侧的木头平台，是主人种花的主要区域，北面有一人多高的篱笆和外面的马路隔开。

靠近客厅的窗台下，也砌出一个小花坛，层次高低错落。

各种花儿竞相绽放，演绎着四季的美丽。

随性的美丽

Free in heart

欧洲月季也是种得超好，可惜了，几次欧洲月季开花最美的时候没带相机。特别喜欢这个白色的花架，上面已经盘满了健壮的藤本月季枝条，下次开花的时候一定要去拍下来。

这个带拱门的花园椅，两边也都是藤本月季。

花园位于上海闵行，独栋的别墅，所以有更多的地方可以种花。

入户处在北面，有一人多高的篱笆和外面小区的马路隔开。东西两侧各有一个车库大门可以进入到院子里面。

院子最大的面积是屋子的南面。不过在和老公的协商和博弈下，院子里大部分的区域铺了草坪，有秋千供孩子一起嬉戏，这里也是狗狗欢快奔跑的天堂。 而花境则布置在草坪的周围，在角落上围绕着一棵大雪松，围墙上直立的凌霄和紫藤，布置了薰衣草、玛格丽特、风信子等特别自然风的花坛。 草坪的另一侧还有一个水池，老公养了很多鱼，边上的草花和观赏草群植的效果也很好，又是一处美丽的花境。

主人最重要的种花区是在屋子东侧的木头平台，有个木制的网格栅栏和入口的车库隔开，侧面也是网格架，各种鲜艳盛开的角堇、矮牵牛和天竺葵便挂在这里，琳琅满目的。其他高低大小的盆栽植物，藤本月季、铁线莲、茶花、郁金香和百合等不同季节竞相绽放。这个位置避风又有阳光，各种的花草都长得格外茂盛。

西边的空地也是个停车位，不过面积很大，在靠墙的一边又种下了绣球、大花葱和紫罗兰。还有蔬菜，间或着种在了院子的花坛里，红砖的地上则蔓延着常春藤生机盎然的绿。

还有靠近前院客厅的窗台下，一个红砖砌出的花坛，种着应季的百合和矮牵牛，搭配着窗台上摆放的植物，从客厅里便可以享受每一寸花园的光景。

花园南边的草坪边设计了一个小水池。在水池边，Newcici用岩石及各种应季花卉布置成花境，让水池的风景变得更加丰富。

房屋的南面大部分区域铺了草坪，角落里便设计了这些花境。

有的花境用容器组合而成，可以随意搭配。

木头平台上各种盆栽搭配的烂漫景致。

设计师家的气质花园

The garden's charactor

主人：Sarah（新浪微博@花园是一种生活）
地点：上海松江
面积：50m²

花园的气质是雨中凋零的矮牵牛、青砖筑成的花坛、和竹子间淌过的水流，

也是这样窗前浓浓的绿意、挂着猫咪图案石块的木格围栏， 和围栏上散步的老猫；

花园的气质是一扇旧旧的木门，仿佛随时会走进一个美丽的女子，也是一盏优雅的蜡烛灯、摆着茶具的蓝色桌布；

想象中黄昏坐在这里喝茶，幽黄色的煤油灯点亮……

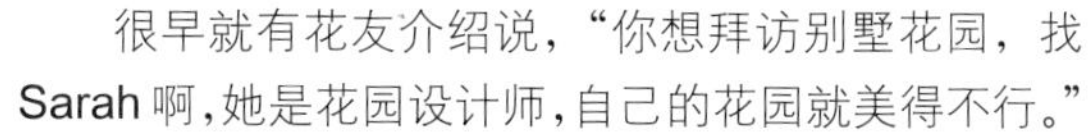

很早就有花友介绍说，“你想拜访别墅花园，找Sarah啊，她是花园设计师，自己的花园就美得不行。”

对花友所说的“美得不行”有感性的认识，是真正去拜访之后，Sarah英式乡村风格的花园，色彩清丽而柔和，让人非常舒服。细细品味，除了色彩，这种舒服还来源于各种植物之间的和谐搭配，来源于水景小品的可爱自然，也来源于自然的沙砾铺装……难怪各大媒体竞相报道，引得无数像我这样的花园控们去参观。

Sarah非常喜欢植物，曾在爱尔兰学习景观设计，对植物配置很有研究，这在她自己的这座花园里体现得淋漓尽致。因为喜欢柔和、中性的色彩，在植物的选择上，Sarah选择了紫色、粉色、蓝色以及白色，而避免选用热烈的大红色和金色。粉色的蔷薇是花园的主角，如今差不多爬满了一面墙，入口的拱门上也是这种蔷薇，花开的季节，花园里都是这种粉色的浪漫；紫色则主要是美女樱，蓝色的有绣球花、德国鸢尾。粉、蓝、紫，加上叶片的绿色，形成了花园的主色调。

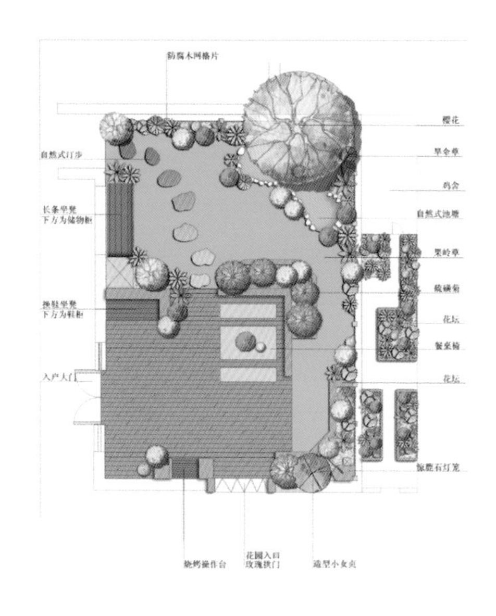

花园的入口拱门上被藤本月季爬满。

一扇旧旧的木门，
仿佛随时会走进一个美丽的女子。

院中摆放花儿的蓝色椅子、挂着猫咪图案石块的木格围栏，和围栏上散步的老猫……这些都是花园独有的气质。

花园的气质还是一道低矮的围墙，
围墙上手绘的彩色陶盆，
和雨中叶片上滴落的水珠。

花园的气质也是一盏优雅的蜡烛灯，摆着茶具的蓝色桌布，想象中黄昏坐在这里喝茶，幽黄色的煤油灯点亮。

花园的气质也是这样窗前浓浓的绿意，生锈的铁艺花盆，长了青苔的陶盆，和网格上各样的小挂件。

植物配置除了考虑色彩，还要考虑植物的形态、习性，比如叶片的形状、高矮、花期长短、养护方法等，还有搭配的比例。为了保证院子里一年四季有花看，Sarah 还在院子里种了冬天开的蜡梅。美女樱的花期很长，在梅雨季节非常容易烂，要不断修剪通风，而在冬天要全部剪掉，第二年春天再萌发。

花园里，土黄色的沙砾铺装园路让人觉得非常温暖，与园路边的紫色美女樱形成一对互补色，而细碎的沙砾与细碎的美女樱花朵在形态、质感上也非常搭，感觉非常舒服。沙砾铺装的前身其实是草坪，但是草坪打理太费力，虽然才 60 多平方米，却不得不每天都要占用很多时间来浇水、修剪、除杂草、驱虫。“花园真的不应该变成日常的负担”，于是，Sarah 决心忍痛割爱，用大石头边角料碎成的沙砾取而代之。“砂砾自然、环保，透水性也好，即使下完大雨，雨水也会很快渗透掉，而且，如果你不喜欢了，将它们铲走就是，不像那些硬质的混凝土铺装，更换非常麻烦”。原本只是想着打理简单，没想到带来了这么多意料之外的惊喜。

除了铺装，植物这些最基础的“硬件”元素，花园中的水景、装饰小品、花架、桌椅等这些小景致，也无一不是花园的美丽缘由。水池里并没有安装净水设施，但是因为水池里水生植物和鱼的比例恰到好处，它们相互净化，致使水体也很干净，需要换水的时候，水池里的水用来浇花，比自来水更有利于花草的健康。

Walch

邻家二院小记

Neighbour's garden

主人：Sarah的邻居
地点：上海松江
面积：30～40m²

Sarah邻居的院子，不管是走进去仔细参观，亦或只是在门外远远的欣赏，浪漫的感觉，犹如走在春天的雨季里。

第一位邻居

其实刚到 Sarah 所在的小区时，就忍不住偷窥人家的花园了。花痴的心情，就是看到美丽的院子总是忍不住驻足观望，而正好手里拿着相机的时候，就会一定想办法偷拍的了。有心的 Sarah，一下子把我们的心思摸透。在我们参观完她的庭院时，她说：带你们到一些邻居家的院子看看吧。其实这些邻居的庭院和花境，也来自于 Sarah 的设计和布置，因为同在一个小区，平时也就有了更多的交流，慢慢地，Sarah 就和这些邻居客户变成了朋友，一起种花逛花市，一起在院子里喝茶聊天。

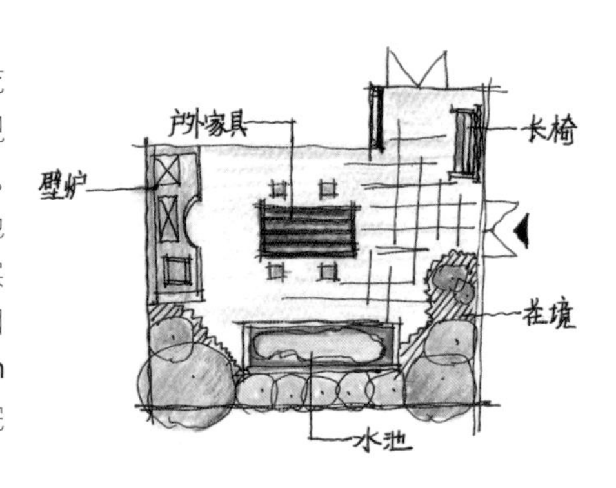

这是 Sarah 对门的邻居，入口是奶黄色的石墙，种着一盆茂盛高大的深蓝鼠尾草，感觉这个位置最适合它那样的一大丛了，还有一小丛长得细细高高的柳叶马鞭草，而底下则是一小丛亮色的花叶玉簪；非常协调的色彩。进入院子里面，最靠边的位置还有一个同样色彩的石墙遥相呼应，是壁炉，也有层次可以摆放花草，美丽而不单调。很喜欢院子壁炉上摆放的奶罐。搭配着鲜艳的‘天使之眼’，院子一下子就生动了。院子的中间是一套木质的户外桌椅，有一把巨大的太阳伞撑开，下雨的时候，一样可以和朋友坐在这里喝茶聊天。桌上的两个蜡烛灯向我们展示着主人的情趣。院子是用带网格的木栅栏和外面隔开，靠近木栅栏的位置是一块花坛，红色的羽毛枫，蓝色的飞燕草，喝茶的时候，看这一处的小景，心情一下子就这么宁静下来。花坛和中间的桌椅摆放区域则是一个长方形的水池，和顶端的喷泉协调，一个院子，有水才有了灵气。 最喜欢的还是入口处靠近大门的位置，有个宽大的门厅，这里淋不到雨，盆栽的麦冬、玛格丽特、白晶菊布置了一个美丽的花境，长椅上的靠垫也是花的图案。而家里的狗狗最喜欢在长椅下的软垫上躺着，安全、暖和，还可以看到整院最美的风景。

很喜欢院子壁炉上摆放的奶罐，搭配着鲜艳的‘天使之眼’，院子一下子就生动了。

池子外围靠近篱笆墙的位置是一个花坛，红色的羽毛枫，蓝色的飞燕草。

另一位邻居

才刚走近，便被门口一堵开满粉色蔷薇的围墙惊艳了。忍不住，屏住呼吸，欣赏着属于春天的最美好的花季。让每一个经过的路人都忍不住停下脚步，院子里，一堵黄色的墙，爬满了粉色、红色、紫色、蓝色的藤本月季和铁线莲，很难想象，这么多品种的藤本月季和铁线莲一起盛开，美丽而不杂乱，像是一幅画了。这个院子也不大，比较方正，院子的中间是一片草坪，靠墙的边上则是长满毛地黄和花叶络石的花坛，草地上一条方砖铺出的小路通到大门入口处的红砖区域，这里布置着桌椅，桌上是主人特地剪下的一簇蔷薇花，插在瓶子里，无限妩媚的粉色，像是所有春天的美丽都浓缩在这里。院子最里面的角落还有一丛盛开的白色绣球，让人忍不住眼前一亮，搭配着一旁草坪上黑色的枕木，更显得纯洁清亮了。角落旁还有一个长满青苔的石头水槽，以及另一处搭配红色金鱼草的青蛙喷泉，都是极其喜欢的。

寻这样一片世外桃源

Seeking for ferryland

主人：甜豆花（新浪微博@篱笆甜豆花）
地点：上海奉贤
面积：12亩

篱笆甜豆花，舍去城市的繁华，得到的是这样一片世外桃源。

篱笆甜豆花是篱笆上的名人，她的帖子也是很多花友追捧的，口水一天一地，但是模仿太难。

放弃城市的繁忙生活，搬到远离喧嚣的乡下，即使能寻到这么大块的地，我想对于绝大多数花友来说，还是很难做到的。 不仅是工作，更重要的是小孩的教育问题。还有，打理这么大的地儿，需要每天辛勤劳作，等我退休，估计也没这么个劲了。

所以，我只能是口水、欣赏和羡慕。记得去过甜豆花家后，有好一阵，老公一直唠叨，也搞这么一块地怎么怎么的。我每次都泼他冷水，最后搞得好像他很闲情雅致，而我变得俗不可耐了。要知道，院子里干活的都是我呢。

2009 年 5 月，在附近的休闲农庄烧烤聚会，正好花友中有人认识甜豆花，便冒然上门拜访了。不过甜豆花是个热情好客的花友，我们到的那天，已经是第二拨了，前面一拨客人还在喝茶呢。

刚进门，院子大门口盛开的藤本月季和铁线莲就把我惊到了。

其实 12 亩地，必须称做“农庄”了。虽然刚刚经营没多久，农庄还没完全形成气候。

邻居家则是搞成了大片的草坪，有甜豆花种满篱笆的月季，他们就在草坪上的阳光房坐着欣赏就好了，真是懒人！

甜豆花的房子和邻居的差不多，因为用地的关系，只能建一层楼的简易农舍。

门口墙上很大幅的是她们家狗狗的照片，可是得过比赛冠军的哦。

门口大片粉色的月见草，开成花毯一样了。还有我喜欢的红枫，和中式的房子一起，显得特别协调。

农庄经营没有多久，还没有完全成形。

在大门处其实还有一处简易的凉亭，凉亭下有盛开的‘如梦’。做客的朋友们都在那里喝茶聊天，这是走到房子大门口往回拍的。外面还有几处小景非常有味道。

房子的另一侧还有一个小院。装了葡萄架，用木栅栏和旁边的农庄区域隔开，形成了一个温馨的小天地。

其实，还有大片围出的农庄，里面种了很多大树，还挖了一个池塘，狗狗最喜欢跳下去游泳。甜豆花说，夏天荷花开成疯子，莲藕挖也挖不尽。真是难以想象，这里就像是聚宝盆，什么东西种下，都能有丰富的收获。当然，这离不开农庄主人的心血。

农庄里转了一大圈，我们都口水嗒嗒地往回走，狗狗留下一个悠闲的屁股。

农庄周围的围栏上，主人都种了铁线莲、蔷薇、月季等爬藤植物，非常热闹。

庭院深深

Bree's garden

主人：逝水年华（新浪微博@逝水年华1314）
地点：四川成都
面积：120m²

园艺不仅仅是种花，园艺更重要的是一种生活方式，一种生活态度，是恬静的心情、是优雅的气质、是生活的热情、也是对逝水年华的珍惜！

看到花园主人,便想到了美剧“绝望主妇”里的主角 Bree。

院子外面也是绿树成荫。

之前看“绝望主妇”，除了剧情本身比较吸引人之外，印象最深的便是 Bree 院子里种的花了，各种盛开的月季、大树下蓝色的百子莲。还有 Bree 一尘不染的精致生活，优雅的气质。她对烘焙美食的狂热和专注，对完美的追求……虽然剧中的 Bree 过分追求这些到偏执的地步了，但是她的生活方式、生活态度却是和我们大多数的种花女子最为接近的了。

那天在成都见到这位叫“逝水年华”的女主人的时候，无论是她的衣着打扮、举手投足，她的微笑、她精心准备的茶点……都是那么地“精致和优雅”，一下子便想到了 Bree。

逝水年华非常年轻，见面时我很是惊讶。她在微博上的名字叫“逝水年华 1314”，我一直以为年龄和我差不多，才有这样“逝水年华”的感慨。没想到却是一个如此年轻漂亮的气质美女，站在那里，像明星一般闪亮。

庭院比较新，是请专业公司设计的硬装，大部分的植物也是开始便种好的。

院子分为两个部分，一部分是位于地面下的下沉式庭院，一部分则在地面上。

地上部分

地上部分是餐厅和厨房外的那块小区域，长方形，周围有围墙和外面隔着，通风和阳光都一般，主要还是之前园艺公司设计的时候种的植物。一小片草坪，一条石头铺的小路直接通向庭院的另一处。

另一旁的围墙边，主人后来添置了藤本月季，开始园艺公司都种了一整排的栀子花，但长很快的，而且容易长虫，最终被换掉了。

小路的尽头，是一个开着三角梅和藤本月季安吉拉的铁门，铁门上还挂着一些可爱的小挂件，走过去一不留神便撞上了一个，发出叮叮咚咚的声响。出了铁门便是通往下沉式庭院的楼梯了。

紧靠围墙的位置，是一套白色的铸铁桌椅，主人会在这上面摆一盆鲜花。角落里的大树下，都是各种园艺小品。

地下部分

其实主人更多的活动区域是在下了楼梯后的下沉式庭院，更加宽敞，也更加隐蔽，和楼下的客厅连接在一起。走出铁门，往下看的时候，哇！完全是另一个世界啊。庭院深深的意境，就是如此吧。

顺着楼梯往下，就到了下沉式的庭院，这里也直通房屋楼下的客厅。楼梯下的拐角处，种了很多藤本月季。再过两年，就可以爬满整面墙。

庭院靠客厅的入口做了一个木质平台，上面摆放桌椅，一家人可以坐在这里就餐，右侧就是通往地上花园的楼梯。前面还有一处水景。

在靠水池边上还有一个半封闭的阳光房，可以晾晒衣服，也可以在冬天安放怕冷的一些植物们。木栅栏的小门、矮墙，很有味道。右边的植物有些密，多年生的乔灌木有蜡梅、枫树和三角梅，还有一些红色月季和低矮的植物。园艺公司的配置都会这样，为了一开始的效果，堆砌地种植，等过几年植物长得茂盛了之后，便不合适了。一个院子的美丽，一定是需要时间、需要花园主人用心布置的。

楼梯下来的拐角处，主人种了好多藤本月季，她说要让藤本月季慢慢爬上去，爬满整个围墙，春天的时候一大片花墙，一定很美！紧挨旁边，是一个马赛克水池。

下沉庭院里还有一个阳光房，可以晾晒衣服，也是怕冻植物越冬的场所。

各种园艺小品，让花园显得无比生动，充满灵气。

我们围坐在桌子旁，喝茶聊天。聊 Bree、聊喜欢哪些花花草草、聊成都的花友希望有更多这样的交流活动，有更多志同道合的朋友们可以经常一起；可以相互参观借鉴，一起享受园艺生活。

园艺不仅仅是种花，园艺更重要的是一种生活方式，一种生活态度，对美好的欣赏，是恬静的心情、是优雅的气质、是生活的热情、也是对逝水年华的珍惜！

而另一方面，因为对园艺的爱好，对美好的欣赏和追求，每一个种花的女子也越发变得美丽起来。

大红的月季被剪下，摆在茶点边，气氛立刻变得热烈起来。

从楼梯上拍的下沉庭院全景。

阳光满屋

Sunshine on terrace

主人：嘉和（新浪微博@糊糊和和）
地点：四川成都资阳
面积：200m²

“生活，就是把握好现在，让生命更加精彩！人生且短暂，像花儿一样美丽绽放吧。”嘉和说。

原来，她家的那个屋顶花园，之所以一年四季繁花似锦，不仅是因为花园上空的阳光雨露，更是因为在她心底，撒满了阳光。

花园里的阳光屋，是花园的主建筑，出门便是葡萄廊架，地上铺了防腐木。

认识嘉和

嘉和是我认识很多年的花友了，记得有一年在花友群里聊起旱金莲，我说种子不容易买到呢，嘉和便给我寄了一包来。很快，橙色、黄色的旱金莲在院子里开了很多美丽的花，随后，又被我传播到更多的花友家里。更神奇的是，本来只是橙色和黄色两种的旱金莲，经过几年的混种，不经意地相互授粉后，最后竟然开出了深橙色到浅黄色的好几个渐变色。

去年的春天，去成都探访花友们，才得以第一次见到已经是老朋友的嘉和——典型的四川妹儿，个儿不高，笑起来让人感觉非常温暖可亲，而一开口说话，声音更是绵到人的心里。虽然看上去是个温柔的小女子，但只要开上她那辆超大的越野车，便立马换了个人，英姿飒爽、好不霸气。

虽然看上去还很年轻，但嘉和已经是两个孩子的妈妈了。嘉和有一对双胞胎儿子，正在念高中，还有两只特别酷的猫咪，加上这满屋顶的花草，都被她打理得井井有条。而为了这些花草，她还专门到朋友的饲养场，拖一车发酵的猪粪回来做肥料；种花的基质也是从附近山里采挖来的……不仅如此，有时候她还帮老公料理公司的事情。之所以能做到这些，都是因为她那一颗热爱生活的心。正像她自己说的：“生活，就是把握好现在，让生命更加精彩！人生且短暂，像花儿一般美丽绽放吧！”

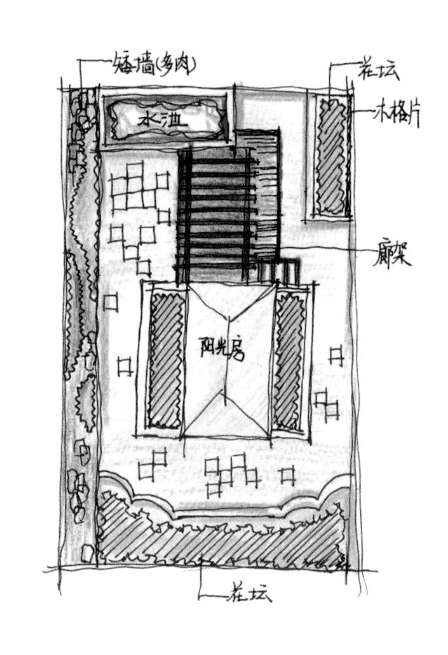

走进花园

嘉和的屋顶花园有200多平方米，四川的多数房子都有这样的屋顶，可以从自家的楼梯上去，整个屋子的顶层都可以利用。而几乎所有的人家都会把屋顶变成一个花园。更具成都特色的是，屋顶花园上大都会设计一个麻将屋，那是他们生活中不可或缺的部分，也是花园的主建筑。

嘉和的花园也不例外，那是一个阳光小木屋，里面主要当茶室，当然也摆了麻将桌。外面就是一个巨大的木头廊架，几年前种的葡萄已经爬满了整个廊架。

花园的结构非常简单，屋顶是长方形的，阳光屋和廊架是花园的中心，周围便是一圈走廊，走廊的外侧就是屋顶的围墙。为了让花园看上去更有层次感，花园在高度上也不相同，从楼梯进入花园的入口，比整个花园矮一米左右，形成了一个落差。

阳光屋外的一根廊架柱子上，挂着正在吐艳的天竺葵，下面是耐阴的肉肉盆栽及铜钱草，错落有致。

嘉和沿着走廊的两边都砌上了花坛，花花草草们，都沿着这一圈走廊种植在花坛内。两端较宽，其中一端是一个大的花坛，嘉和在这里还种了几棵柠檬树；另一端是花园的入口，也是屋顶最矮的位置，在这个角落，除了靠墙边的“铁线莲”和天竺葵们，嘉和还设计了一个假山和小水池，里面配置的是白色马蹄莲，已经开满了花。

阳光屋和廊架要比楼梯出来的区域高出一米左右，这个落差处，嘉和做了一个巨大的花池，里面种的是绣球和天竺葵。4 月份，绣球还刚冒出花苞，天竺葵却是正盛开的时候，当风儿吹过，一地鲜艳的落花，仿佛凝聚了岁月的缤纷。夏季太炎热的时候，还是多肉植物们的避阴之所。

我去的时候，正是春天最美的季节，天竺葵、月季、铁线莲……都在盛花期，一团一团都在盛花期，一团一团、一盆一盆，到处都是花团锦簇、生机盎然。坐在廊架下的摇椅上，葡萄叶正好遮住了阳光。我们喝着嘉和现榨的混合水果汁，分享她的花草和肉肉们。这个时候，你会由衷感叹——得是一个多么热爱生活的女人，才会拥有如此生机而美丽的花园。

阳光房的另一侧，与阳光屋平齐的走廊两边，
也是繁华似锦，外侧围墙上摆着各种肉肉。

花园里的植物

多肉

在屋顶西面的小矮墙上，嘉和种了很多肉肉，品种也很丰富，黑法师、金边龙舌兰、世之雪等，一个个都长成了庞然大物；还有姬胧月、初恋、雨露等，每一盆都长得快溢了出来！尤其是那棵黑法师，像一棵小树一样傲然挺立。很难想象三年前，它只是一截差点被遗弃的小枝条，嘉和将它扦插，如今却长得鹤立鸡群，一幅藐视群肉的傲慢架势。多肉们沐浴着阳光，高楼顶上，蓝天白云，微风轻抚，不远处，便是苍翠的青山。这里，冬天很少会到零下，夏天白天虽然热，夜里却很凉爽，这些肉肉们就春夏秋天、几乎不管不顾地摆在那里，一个个滋润自在地生长着，这里简直是多肉植物的天堂。

对于多肉的种植，嘉和更有独特的秘诀：

“介质里颗粒占一半多，比如植金石、兰石、砖粒、蛋壳碎、碳渣等，有啥用啥。另一半则是营养土、园土等的混合物，还有我们当地丘陵地貌风化的一种颗粒。肥就是用的沤熟的猪粪、鸡粪、鸽子粪等，草木灰、奥绿缓释肥时而加点，一般都是春秋翻盆上盆定植时混在土里，平时不加肥。”关于病虫害：“夏季注意打药预防粉蚧即可。”

本来我只是去参观拍照，并不想带任何东西走的。那些花花草草，哪一株不是凝聚着主人的心血呀！怎么能狠心夺爱？后来发现，嘉和的肉肉们这个那个、都如此轻松地、爆炸式地长一大丛又一大丛…… 所以嘉和挖肉肉给我，都觉得有点帮她“疏苗”的意思了。

其他植物

嘉和花园里的植物非常丰富，观花的、赏叶的；一年生的、多年生的；灌木、藤本；热带、耐寒植物等等。保守估计，应该在 100 种以上吧。

这些植物种在花坛里，便形成了一处处烂漫的花境；若种在花盆里，既能独立成景，也能组合呈现。一般来说，像绣球花、大花天竺葵、月季、玛格丽特等灌木及大型的宿根植物都种在花坛里。而多肉、球根花卉及一些小型植物，都适宜种在花盆里。

老妈的地盘

Mother's station

主人：晓梅妈妈
地点：四川成都
屋顶花园面积：120m²

我到过国内的很多城市，从没发现哪个城市的花园像成都一样之多，大部分成都人的院子、屋顶，或露台、平台，只要条件允许，一个水池和一个麻将室，那是必须的。成都人“巴适”的生活，应该与院子是分不开的。

廊架的前面有个木质平台，下雨的时候，也可以坐在这里，欣赏在水池里游泳的鱼儿。

故事比较复杂。

先是微博上有个蒙特利尔的花友“哈哈她妈妈”，看到我的花园拜访，就私信我了。蒙特利尔当然去不了，她把我直接送给了她在成都的妹妹，也就是“哈哈她小姨”晓梅。而这个哈哈，竟然是只狗狗！现在和“哈哈她外婆”生活在一起，也就是哈哈她妈和她小姨的老妈，晕了晕了……

而这个水榭花园，便是老妈的花园了。

老妈前几天还在院子里摔了一跤，掉进了水池。胳膊骨折了，但还是无论什么都自己动手，对女儿说：“你别动我的院子，这是我的地盘！”然后她继续和哈哈“相依为命”，守着这个清幽舒适的院子……

而提名最多的“哈哈”没拍着，下着雨，没让它进院子，它有点郁闷，本来见着个客人特别兴奋，围着我激动地转悠。现在只好在屋里看着我。而老妈也一直在屋里透过窗户观察我，好奇着为什么我对她的院子这么感兴趣。

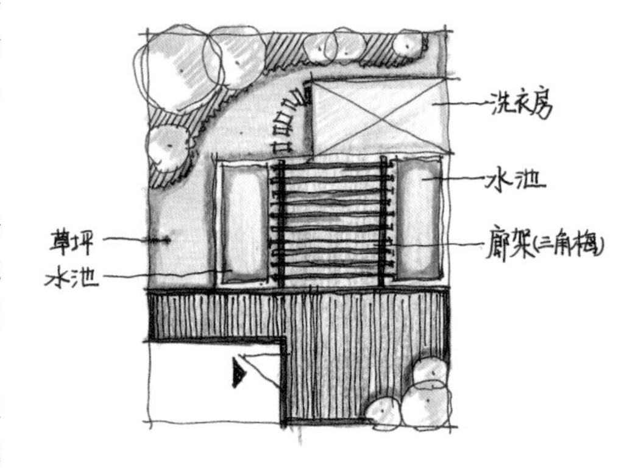

刚来到老妈的院子，我就有点吃惊，之前从来没见过这样的模式。老妈的房子实际在三楼，屋子外面便是这么一个100多平方米的大平台，旁边还是很高很高的楼房，平台就这么被半包围在楼房里面。所以既不能算是屋顶，也不能算是院子，这么一个大平台，做成了花园。旁边一家也是这样，哈哈她小姨“晓梅”家也是这样。

在后来的几天里，越来越多地发现：成都几乎大部分的房子都有屋顶或平台或很大的露台，而绝大部分的人家都做成了院子，种上了很多的花草树木！

成都的几个花友都说：就是这样的啊，很正常！成都的房子都会有很大的露台，屋顶也一定是可以给你用的。

真是好羡慕！

从高处往下看，满眼都是大片的绿色；走在马路上抬头，则又能看到各家各户茂密的绿色植物，还有这个季节成都开得特别灿烂的三角梅。

花架的两边都是建在水池里的花槽。花架上除了紫藤，还有三角梅，真没想到在成都三角梅露天栽植也能长得这么好。

花架的一侧，有一大块空间，便全部填上泥土，种了月季、蜡梅、石榴等植物，还铺了草坪。中间还用石头铺出小径。

我到过国内很多城市，从来没有发现哪个城市的花园会像成都一样如此之多。成都有这么多热爱种花的人，所以后来到了号称全国最大的成都三圣乡花市，我也就毫不惊讶了。成都的美食，成都人闲适的生活，种花、麻将、宵夜……都是那么“巴适”！

漫步空中小花园

Walking in the air garden

主人：晓梅（新浪微博@哈哈她小姨2012）
地点：四川成都
面积: 140m^2

3月，正是院子最美的季节，花园里有一棵巨大的重瓣樱花，铺天盖地的粉色，满满的粉色云彩一般。

木架子的多肉植物搭配着别致的盆器，这个角落也是花园的一个亮点。

这次到成都，第一个见到的就是晓梅，她姐姐是我微博上的花友，在蒙特利尔。她的花园自然去不成，不过她推荐了晓梅的花园。

到成都之前，晓梅的姐姐就提醒我："不要被成都人的热情吓坏了哦！"所以我很是有心理准备。订好机票后，晓梅说她来接我，我欣然接受——即使飞机到达时间已经很晚，即使我和她未见过面，即使她还要从机场送我到城东的酒店，再回到城西的住处……

晓梅的花园和老妈的一样，也是位于三楼，屋子外面是个巨大的平台，被周围的高楼半包围着。面积有 140 多平方米，晓梅的老公“笨哥”是专门做屋顶花园设计的，花园整体的硬装设计的确非常有功力。院子被巧妙地分成了几个部分，有水池，有下面摆了桌椅爬上了凌霄的廊架，有小坡种植区，最阴的地方则种上几棵大树，底下便全部铺上了石子……设计施工完了之后，便是晓梅的工作了，花花草草都是晓梅种的，笨哥只管赏花。

整个院子是抬高的设计。其实之前本来和屋内是平的，但在做了防水层铺上泥土之后，整个比屋内高了 30 厘米，正好，坐在客厅里，整个院子都在视线范围内，小雨中，满眼都是明亮的绿意盎然，姹紫嫣红。

最左边是一片石子区，这个地方每天最多能晒到两个小时的阳光，大部分的植物都不太好种，所以除了几棵树之外，底下都铺了石子，再在石榴树的周围布置了一些小景。这里是从客厅里看出去最好的位置。种了一些喜阴的植物，矾根和玉簪，四季都色彩鲜艳。

大红色的朱顶红，在满眼的绿色中非常出挑。

石子区的前面，比较阴暗，摆了石头桌椅，靠围墙边上则是一排狭窄的花坛，种上喜阴的植物。

这是魔鬼三角区的位置，有一棵很大的樱花树，早春，草地上一片粉红花瓣，是花园最美的季节。

廊架的旁边，靠近房子的地方，不知道是不是因为种了一个巨大的桂花树的关系，晓梅说，这里就像是魔鬼三角区，什么都长不好！播种的种子几乎不出来，种过好几个品种的植物也都在这里夭折。最后连草坪也稀稀拉拉的。我诊断的原因是土质太硬，还是最早堆的泥土，非常容易板结，加上那棵大树，挡了阳光，根系又完全地霸占了土壤。可以种些竞争性强一些的植物，包括花叶蔓长春、茎状根系的鸢尾等。

晓梅说，院子最美的季节是 3 月份，这个位置有一棵巨大的重瓣樱花，铺天盖地的粉色，满满的粉色云彩一般，特别特别美！便是因为这个樱花花季，她带来了几个朋友，结果都被深深打动，一个个回去折腾自家院子去了。其实这个交给专业设计师就能搞定了，屋顶花园最恐怖的地方是要搬很多的泥土上去。晓梅说，整整一卡车的土，找工人一袋袋扛上去的，工钱比土钱贵太多了。

关于露台防水的小贴士

关于屋顶上水池的问题，比如防水、承重等，特地请教了专业的笨哥。

屋顶防水用的是一种叫SBS改性沥青防水卷材，用火烧上去之后，后面还要再用水泥砂浆做一层保护层。

承重问题：首先要了解房子的结构，水池一定要修在西面房屋承重梁柱的上方，另外，一般屋顶的承重是每平方米300公斤，每个地方可能会有差别，以此来计算放多少水，水深多少。

另外还需要做一个漏水出口，以防下雨天气时水位太高。其实这个交给专业设计师就能搞定了。

另一个建议是，屋顶花园可以尽量多用泥炭混合部分的园土。泥炭质量偏轻，而且相对保水功能好，比较适合露台、屋顶这样水分挥发量大的地方。

花园里的园艺小摆件，为花园增添了很多灵气。

朱顶红怒放的春天

Amaryllis' spring

主人：夏韵(新浪微博@花间夏韵)
地点：成都
花园面积：露台35m²；屋顶110m²

要种好花花，不光要有爱心，还需要细心和耐心，从播种到花开，看着一粒小小的种子在自己的精心呵护下一天天长大，绽放出美丽的花花，这样的过程，就好像看着自己的孩子一天一天长大，每一天都是一个新的开始，都有新的发现，这样期待和守望的过程，也是享受生命的过程。

成都的夏韵很早就是踏花行园艺论坛上的名人了，不仅花种得好，照片更是超级赞，让我们那些刚踏入园艺门坎的新手们仰慕不已。 更难得的是她在踏花行上开的帖子，8 年了，依然坚持不懈，孜孜不倦地耕耘，把从露台发展到屋顶的全部过程，以及种花的经历和经验都详细地记录和解说，对于花友们每一个小问题，都很耐心地解答。今年的春天，终于有机会去参观夏韵姐家的屋顶花园，虽然夏韵姐说最近两年比较忙，很少打理，但露台和屋顶都还是盛开着各种美丽的花儿。

屋顶花园的植物比较简单，围绕四周砌了一圈花池，还有一个木质廊架。

屋顶开发成花园

夏韵姐的花园由两部分组成：一是房子本来带的露台，一是由她家的楼顶改建而成的屋顶花园。

新建的屋顶花园可以解决夏天顶楼太热的问题，当然，更主要的是能有更大的地方来种更多的花。

为了不影响承重，主人特地把花槽都砌在承重梁上面，花槽也特地用较轻的空心砖。即使堆上土，承重上也没有问题。

屋顶花园最关键是要处理好防水，原来屋顶已经有防水基础，主人又多做了一遍，再做隔热层，然后铺地砖，砌花池，花池里又重新做了一遍防水，下面垫了瓷砖片，然后加过滤层。

屋顶花园的结构比较简单，围着周围栏杆的一圈做了一个稍微有些形状的花池，种了很多的藤本月季，还有一棵夏韵姐最喜欢的紫藤，之前一直在花盆里种，水肥都会有影响，终于在屋顶为它建了一个大花池。除此之外，还建有木制的廊架，春天的时候，紫色的花儿一串串从廊架上垂下，带着醉人的清香。

花坛边上，摆满了
各种精致的盆景、盆栽。

屋顶上的朱顶红

我去的时候已是 5 月，成都的夏天来得比上海早，屋顶上的温度会更加高一些，所以，紫藤早就谢了，最好的藤本月季也过了盛花期，不过不经意地却遇上了一场朱顶红的狂欢盛宴。

对朱顶红，我一直并不感冒，它也叫孤挺花，一般一株上只会有一个花枝，上面开 2~4 朵花。虽然美艳，却总觉得有些单调，不够雅致。

这次来到夏韵姐的屋顶，才真正被朱顶红的华丽惊呆了。

这些朱顶红都是前两年夏韵姐在论坛上团购来的，很多国外的品种，当时都是一个小球，没几年，几乎每一盆都爆盆。

朱顶红养植小贴士：

护理其实也并不复杂，一般在开春施埋有机肥，花后撒长效“奥绿”，两年换一次盆，加入部分新配土，同时埋入底肥。

冬天停水停肥，剪去残叶，注意避雨，成都冬季一般都在0℃以上，可室外越冬，若是气温低于－5℃，则须搬入室内，以免冻伤烂球。

朱顶红的病虫害比较少，因为和藤本月季放在一起，藤本月季打药的时候，也会捎带到朱顶红，所以更加不会有病虫害了。

小阳台、大花园

Big world in tiny balcony

主人：周凡（论坛名@断崖女王）
地点：四川成都
阳台面积：5.7m²

这真的是一个值得骄傲的阳台，也是我见过所有的阳台里最美，花开得最多的阳台。各种藤本月季和天竺葵盛开，几乎看不到残花败叶；每一个角落都精心地利用和布置，小小的阳台更像是一个大花园。

这是一个才几平方米的阳台，主人叫“断崖女王”，是另一个花友椏丫（椏丫在花卉市场开了一家花店）的一个常客，基本每个周末都会到花市转悠半天，每次都会买一点东西回去。她的阳台只几平方米，却说她的天竺葵品种可能比椏丫那里还多，实在让人难以置信。所以，趁我来成都的时机，去一探究竟。

女主人短发休闲裤，特别干练的样子，说起她阳台上的花儿，便忍不住流露出自豪的神情。阳台种花其实没几年，但自从种花之后，每天上班之前和下班之后，她多数的时间便会在阳台上度过，浇水修枝，整理残花。看着花儿们一个个长那么好，便由衷地高兴着，渐渐地老公也被感染，加入了种花的队伍，在阳台外围需要做围栏或是其他手工的时候，也总是挺身而出，甚至对于阳台的布置也有了一些自己的想法。说到这些，男主人也自豪地微笑着。

这真的是一个好值得骄傲的阳台，也是我见过所有的阳台里最美、花开得最多的阳台。各种的藤本月季和天竺葵盛开，几乎看不到残花败叶；每一个角落都精心地利用和布置，小小的阳台更像是一个大花园。月季和天竺葵，真的好多品种啊！

开放的阳台有利于种花

很多花友会纳闷自己阳台上的花为什么长不好，其实除了精心打理之外，一个开放的阳台对于植物的阳光、透气、通风也是非常重要。很多封闭的阳台，只有几扇窗户可以打开，和室内种植真是差不了多少，还比室内更加闷热。通风不好，各种病虫害也多，所以在植物的选择上就有了很多的局限。

断崖女王的阳台是开放式的，门口的位置有一半被楼上的阳台遮掉，而另一半没有遮挡的部分，女主人种了各种的月季、铁线莲和西番莲，它们顺围墙的边上钉着的网格，渐渐地爬满了一面墙。

西番莲顺着围墙爬上靠近楼上的窗台，搭出的架子上又挂着好几盆天竺葵，瀑布一般悬挂下来。还留有空间不至于挡住室内房间的光线。

女主人把铁架子绑在了阳台的一侧护栏，当藤本月季爬满铁架，开满花儿的时候，不仅挡住西晒，也保证了藤本月季的通风和阳光。

阳台的东侧，也是室内出门的位置，角落上布置了栅栏，主人正计划重新改造，布置成更精致的景致。

空间的利用完美无缺

西侧总是会有西晒的问题，所以这部分女主人把铁架子绑在了阳台的一侧护栏，当藤本月季爬满铁架，开满花儿的时候，不仅挡住西晒，也保证了藤本月季的通风和光照。

阳台的东侧，也是室内出门的位置，角落上布置了栅栏，主人正计划重新改造，布置成更精致的景致。

再更细地观察，你会发现主人真的是对空间的利用考虑到了极致！

阳台外侧，第一层是本来建造的时候就有的小平台，外面玻璃比平台高出十几厘米，不影响通风，却又让摆在平台上的盆栽们避免了掉落的危险；底下一层则摆上了各种多肉植物；甚至中间一层也挂上了好几盆。

墙上也是充分利用，除了最上面吊挂的天竺葵，中间也做了隔板，上面可以堆放植物，隔板的设计还可以悬挂园艺工具；下面靠墙则是宜家的鞋架，于是有更多了堆放和储物的空间。

这样堆满植物的阳台上，实际上根本没有空间再摆放桌椅了，即便两个人走路，也得侧身让过。所以当女主人神奇地变出一桌一椅的时候，我简直被她的智慧惊呆了！这是一个可以折叠的木头桌子，一侧靠墙，上面又可以摆不少花盆，撑出来便是一个小桌子，不用的时候又可以很方便地收起来。椅子也是折叠的，不用时收起来，靠在宜家的白色鞋柜上的。拍照的时候都没有注意到。平时给上面悬挂的小天浇水，女主人也是踩在这个椅子上的。

这是一个可以折叠的木头桌子，一侧靠墙，上面又可以摆不少花盆，撑出来便是一个小桌子，不用的时候又可以很方便地放下去收起来。椅子也是折叠的，不用时收起来。

精致丰富体现在细节

阳台毕竟有承重的问题，除了花盆里的介质多数都用质量较轻的泥炭之外，主人也尽量减少红陶盆的使用，但是很多大型的植物还是需要大盆，于是主人便用了很多质地轻的塑料整理架、塑料垃圾桶，那棵爬到楼上的西番莲便种在这种大桶里，桶上还放了几根木条，上面可以摆上两盆天竺葵了！

谢谢断崖女王，也谢谢椏丫，让我知道在钢筋水泥的丛林里，原来也是可以创造这样的美好！

不知你有没有注意到，好几个大盆托盘底下都有一个带滑轮的托架，在给里面植物修枝和浇水的时候，碍事的大盆便可以轻易地挪到一边。

这是一个塑料的整理箱，里面种的是铁线莲焰火，可以注意到整理箱上有个小木片，正好卡在上面，于是上面又可以摆上天竺葵的陶盆，为了不影响铁线莲枝条的生长，主人又特地去掉了几根木板，真是好有心啊！

椅子和桌子都是可折叠的，不用时都能收起来。

露台上的那片天空

Sunny day

主人：Nova（新浪微博@晴空）
地点：浙江杭州
面积：30m²

在生活节奏超快的大城市，有一个繁花似锦的小露台，能够徜徉在属于自己的花花世界里，即使透过盛开的月季依然能看到不远处的高楼，心情的美好却是不言而喻地在每一天。

这是一个盛开着藤本月季和铁线莲的露台，主人晴空也是最早种植铁线莲的花友之一，2009 年去的时候，她家的铁线莲已经相当有规模了，更壮观的是那些开满花的月季。晴空家位于杭州的市中心，周围都是高楼林立，进了小区，很容易就找到了晴空家。因为除了我们的花友，哪家露台会是这样挂满盛开的蔷薇和月季的呢？

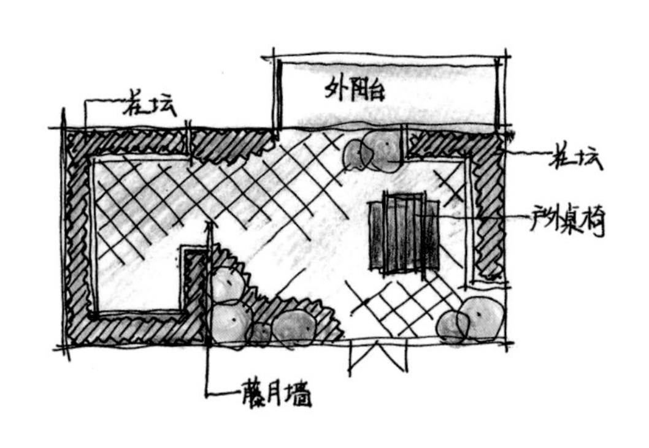

露台的结构很简单，方方正正的，中间用木格栅栏做了分隔。

从楼下看晴空家的露台，蔷薇从楼上垂下来，非常醒目。

露台上种的月季和铁线莲很多，爬藤植物是丰富花园立体空间的好素材。

铁线莲旁是一大丛盛开的酢浆草，顶上还挂着一盆白芙蓉，这两年我也开始种酢浆草了，都没有开出这样的规模。

晴空的露台不是很大，二十几平米的样子，却是合理布置，种了很多花草。露台上，西边的位置是一面矮墙，靠室内的部分做了一个水池台，另一侧便是整面的铁线莲花墙了，用竹竿简易地搭了架子，方便藤本的铁线莲攀爬，部分早花铁已经有些谢了，晴空说，半个月之前那真是蔚为壮观。旁边摆在户外的桌椅，阳光太强的时候便把太阳伞撑开，坐在这里悠闲喝茶看着花儿，都不忍心离开。

露台是长方形的，除了靠边的位置都布置上盆栽的花草，晴空另外用木栅栏做了一个隔断，也增加了更多布置的空间，藤本月季和铁线莲开满了整个花架，特别壮观。花架外侧的一面，靠墙的位置，是最早做的花坛，这里又是一个小天地了。

木格栅栏上被藤本月季和铁线莲爬满了。

为了开发更多的地方种花，花友们都是很牛的。晴空更是厉害，把露台外的雨水阳台也用来种花了，各种的藤本月季和铁线莲还都长得特别好，难以想象一个女人每天拿着水桶爬到露台外去浇水的样子。

露台的外侧，其实是房子屋顶的雨水台，面积很大，晴空当然也是充分利用，从楼下看到的藤本月季和蔷薇便种在这里，只是盆栽的花草经常需要浇水和修剪的，很难想象一个美丽优雅的主妇，会每天翻出围栏去护理这些花草，还都长得那么好。

现在晴空早已经搬家了，换了一个更大的露台种花。非常想念这个繁花似锦的小露台，在生活节奏超快的大城市，能够徜徉在属于自己的花花世界里，即使透过盛开的月季依然能看到不远处的高楼，心情的美好却是不言而喻地在每一天。

无论盆栽还是花坛里种植，每一株植物都是长得葱郁而滋润。

晴空也是最早种铁线莲的花友之一，她的铁线莲种得非常好。阳光明媚的5月，藤本月季和铁线莲恣意地盛开着。

就是要不拘一格

Be special, be me

主人：翩若惊鸿（新浪微博@孟瑶-舫主梦非梦）
地点：扬州
面积：露台25m^2；屋顶面积100m^2

这是另一个完全不同风格的露台，不大的面积被充分利用，到处都挂着摆着各种各样的草花。我发现，时间长了，主人的个性总是会慢慢和自己的院子露台融合在一起。这个露台便正如惊鸿姐那样，热情、直爽和不拘小节。到处都是疯狂盛开的花儿。

天竺葵和旱金莲都吊盆种植，
像瀑布一样垂下，非常有气势。

认识“翩若惊鸿”，是因为她当时正在参加一个“雅鲁藏布江考察活动”的选拔，在花友群里拉选票，于是上网站看了一下她的介绍，立刻被她英姿飒爽的气质吸引住了，从此成了她的忠实粉丝。6月初有事去惊鸿所在的城市扬州，当然要去拜访一下我崇拜了很久的惊鸿，也顺便参观一下她的露台。

这是一个完全与众不同的露台，不大的面积被充分利用，到处都挂着摆着各种各样的草花。我发现，时间长了，主人的个性总是会慢慢和自己的院子露台融合在一起。这个到处都疯狂盛开着鲜花的露台，便正如惊鸿那样，热情、直爽和不拘小节。

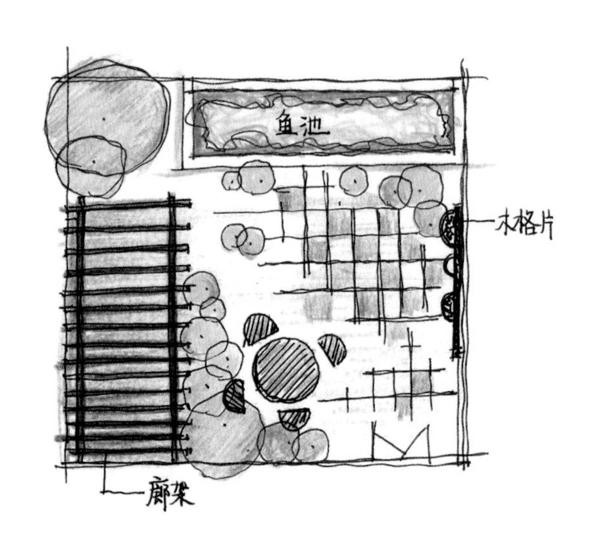

露台的最外侧，是一个大的花坛，里面黑色的土壤是惊鸿特地从河道里挖来的肥沃的淤泥。淤泥并不值钱，但是搬到露台确实大费工夫。花坛里白晶菊、楼斗菜等草花花季已过，不过开了好多地栽的朱顶红，因为土壤肥沃，朱顶红繁殖得很快，惊鸿还送了我一个正开花的小球。

靠近外阳台的位置则砌了一个长方形的鱼池，里面养了很多金鱼；鱼池周围也是摆满了花。

这里因为顶上的架子遮掉了很多阳光，没有那么茂盛。那些黑色的土都是惊鸿姐专门运来的河道里的肥沃的淤泥。

这株百合，已经开花好几年了，惊鸿姐介绍，每年都能开很多的花，芳香飘满整个楼顶。现在已经能看到很多花苞。

新买的欧洲月季也摆在这里，竟然还有南瓜花。地板上也都堆满了，走路得小心翼翼，因为一不留神就会踩到花儿。

这是露台上唯一的小摆件。露台是属于怒放和粗犷型的，不精致也不矫情。

平台上没有布置，主要是惊鸿姐的种植基地，很多扦插的月季和天竺葵小苗。扬州有不少花友，经常聚会，大家便各自带家中的小苗出来交换。

平台上的天竺葵，有的是新品种，也有扦插了准备拿去分享的。平台上最中间的位置，惊鸿姐种了一些蔬菜，南瓜开着黄色的花朵，还结了好几个果实了呢！

大楼的顶上有个公共平台，为了种更多的花，惊鸿姐把那里也开发了，还在露台上架了一个竹梯子，这样从家里露台也能上去平台。梯子上挂着锦叶球兰，非常喜欢这个叶子。

梧桐家的梦想花园

The Eden

主人：梧桐（新浪微博@梧桐-W）
地点：常州金坛
露台面积：35m²

一直认为，喜欢花草会比其他人更幸运，因为她们更能感受生命的美好，发自内心地对花草怀着一份特殊的情感。在这样一个安静的午后，坐在自家的露台花园里，静静聆听花草在风儿中的轻吟，感恩并珍惜生命中拥有的这一切。

这块区域和露台的主要部分有些不协调的，所以梧桐用一个网片分割，网片上则是爬的红色藤本月季和铁线莲蓝天使。外墙部分也是充分利用，牵牛和茑萝爬上了围墙，而底下则是用很大的容器种上了番茄。

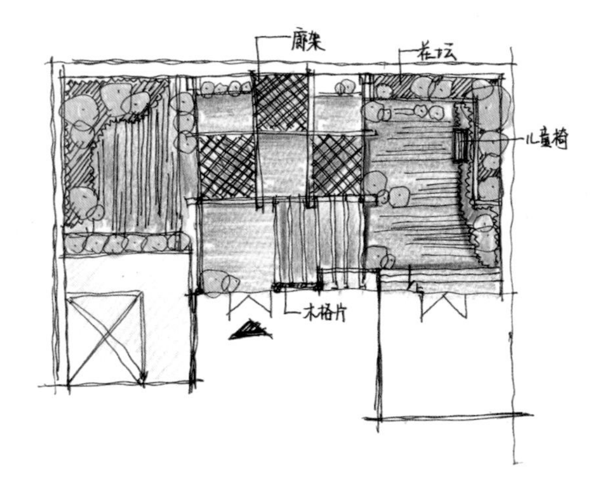

梧桐是我回常州后新认识的花友，有个大露台，位于金坛的市区。去年便去了她家好几次，露台建好没两年，便已美轮美奂。她不只是种花高手，露台的园艺配置也是精心别致。只是每次去拍，都觉得照片不够满意，没有把露台的美丽表现出来。

又是一年春天来到，梧桐说：各种月季都开啦，玛格丽特快来！但一直都没有时间，错过了月季的盛花期。一个周末带着孩子们冲过去，还好，赶上了绣球花开的季节。

梧桐的露台是狭长型的，布置了三个层次，靠围墙一层，用网片钉在墙上，有藤本月季和铁线莲攀援。

露台最外的一圈是重点，这里光线和通风也是最好。各种大小的盆器有条理地安置，从最高处围栏上的多肉，到中间一层的天竺葵，以及最下面大盆种植的绣球、月季等。

阳光房出来的门口有一棵巨大的双喜藤，开满了红色的花。台阶上也是摆满了。

露台的南面区域，也就是阳光房的门外，已经被各种的植物占满了，总算还找出了一小块地方放上一个小椅子，是梧桐的女儿安安最爱的角落了。

阳光房这个时候除了一棵实在太大的三角梅和一些家具，基本是空置的了。每年的冬天，那些怕冷的木槿、天竺葵等就都搬进了阳光房，各种花开，温暖如春，坐这里喝茶，是冬日里最大的享受。不过夏天太热，室内的通风也不够好，所以一到春天，梧桐便拉了家里的劳动力，把各种植物全部又搬到了露台。

中间一层有几个大木柱子，是最开始设计的廊架柱子。便依着这几个大柱子做了中间一层的花境，靠柱子有藤本月季、三角梅；去的时候还有好几棵绣球，去年就开满了，今年更加茂盛。

刚拥有露台的时候，梧桐是做了很多功课的，她上论坛、上微博，疯狂地搜集花友们各种的案例，比如露台上的木网格片，是来自于露台春秋家的灵感，红陶的花器和各种别致的花园摆件也是咨询了很多花友，找到合适的淘宝卖家一件件从网上买回来。 而花心思更多是那些已然开得美艳的花花草草，不知道跑了多少趟常州的花市，淘了多少网络上的卖家，每一株植物都仔细研究它的习性和种植要点……当然，她也说看过我发的每一篇博客，哈，让我很是开心。

露台上是各种盛开的花，如同儿时的梦想，在此刻尽情绽放。

露台上蒸发量大，每天的浇水是个很大工作量。到了夏天，露台上则是暴晒。梧桐说：夏天必须用两层遮阳网。

这是去年7月份在梧桐露台上拍的图片，遮阳网已经盖上了廊架。多肉植物则搬到了露台靠围墙，上面有玻璃顶棚的地方。

梧桐说：她从小就特别喜欢花，记得小时候，邻居家门口种了几棵栀子花，每年初夏的时节，总是抵抗不了那些洁白带着甜香的花儿的诱惑，不由自主地走过去。可是邻居家有狗，很凶，不敢靠近，只能远远地看着，闻着香味，站很长的时间。还有茑萝，是小时候家里种过的，特别喜欢，那时候都叫五星花，一朵朵红色星星般点缀在绿色优雅的羽毛状叶片里。所以有了露台，她就立刻去找茑萝的种子……

是的，其实那颗喜欢花草、热爱园艺的心里，在还是孩童的时候就早已播下了种子。

一直认为，喜欢花草的人会比其他人更幸运，因为她们更能感受生命的美好，发自内心地对花草怀着一份特殊的情感，能感受花儿在阳光下的喜悦，能听到根系吸收水分的快乐音符，冬去春来时会注意到小草在发芽、植物在生长；会在春天徜徉在花海里幸福而满足；会在秋日伤感花儿枯萎、树叶凋零；也会在这样一个安静的午后，坐在自家的露台花园里，静静聆听花草在风儿中的轻吟，感恩并珍惜生命中拥有的这一切！

错过紫藤也灿烂

After wisteria's blooming

主人：紫藤花廊（新浪微博@紫藤花廊）
地点：南京
露台面积：20m²

主人常常地捧一杯茶，坐在这里，鸟语花香中，惦记着哪里需要修剪，哪盆需要浇水，而不远处，夕阳西下，天边赫然一道橙红色的云彩，竟然带着些许的蓝紫，便想起了最喜欢的紫藤花，其实在种花人的手里，春天一直延续着，带着梦幻的芳香。

进门处的车库顶上，每年的春天，紫藤开满了花，清香飘满了整条小路。这个季节，白色的藤本月季却争艳着盛开。

主人紫藤花廊家是真的有个紫藤围绕、清香幽静的花廊的，就在家门入口处的车库顶上。这里其实是公共的绿化区，阳光和通风却是比院子更好，主人自然也是充分利用，摆了很多盆月季、迷迭香和角堇，甚至在台阶旁的矮墙上，也挂上了天竺葵和花叶络石。主人说：小区里邻居素质都挺好，门口的花从来没被顺走，甚至还常有邻居过来欣赏，讨教养花经验。

我去的时候，虽然是花儿最盛开的 5 月，紫藤花却已落幕，赏花便转到了主人前院和露台。

绿荫下的前院

紫藤花廊的房子是联排别墅，前后狭长型的，所以院子并不大。两边紧挨着邻居的院子。便用半高的木栅栏做了一个分隔。正好可以爬金银花和铁线莲。只是长势迅速的金银花却不听指挥，竟直往上爬到了二楼的栏杆上，于是，这个春天，虽然没有了紫藤的清香，满园的却是金银花沁人的香甜。

院子里铺设的是草坪，靠近木栅栏的位置，用碳化木的小栅栏围出了一小长条区域，种上了月季、芍药、滨菊和萱草，但却是补血草长得最为旺盛，钻出了栅栏爬到了草坪上，绿茵茵一片也很好看。

1. 门口的走廊还有一个落地的花架，摆上了各种的多肉植物，每一处用心精心，只是那天有些匆忙，没有拍好。
2. 大树下有一个石头的仿木桩，一棵花叶六月雪，很美的树型。
3. 红色的儿童秋千虽然已经不用，挂在树下，顿时院子变得生动活泼了起来。

房门入口的景致也很丰富，靠墙的一边是一个花架，也是常用工具的收藏地。台阶两边都是盆栽。

院子的左边靠近篱笆处有一棵很大的樱花树，雨后的早春，粉色的樱花花瓣落在碧绿的草坪上，那是最美的景致。我去的时候，没看到樱花，反而觉得樱花的树冠太过高大茂盛，加上院子周围还有很多大树，院子的采光和通风都有些受影响，满眼只剩了各种深深浅浅的绿，但这样倒是更显了幽静。

樱花树上挂着的是黄白色角堇和紫色的银杯花，很是素雅。红色的儿童秋千和树上的小松鼠又让院子顿时生动活泼了起来。

坐在客厅里，透过巨大的玻璃窗，院子最美的景致正收眼底。

阳光灿烂的露台

相比大树林下各种植物茂盛的前院，我更喜欢的是阳光下花儿灿烂的露台。

露台不大，两边都有围墙，靠外是一个铁质的栏杆，刷了白漆，很是清雅。

这里也是露台上最好的位置，阳光和通风都是最好，于是摆上了月季、朱顶红、金鱼草、肥皂草……挂着的还有蓝紫色的银杯花，每个季节，都会有不同的植物轮换，露台亦成另一个四季风景变幻的舞台。

露台的中间有个柱子，被主人用碳化木的网格包了起来，藤本月季和铁线莲可以顺着架子往上爬，而高处也可以挂上壁挂盆的矮牵牛，周围又可以摆上高低错落的盆栽，反而成了一个特别的中岛区，露台也变得立体了起来。

白色的木椅轻倚在露台东面的墙边，上面挂了一块木头的网片，木椅旁红陶盆里铁线莲“如梦”乖巧地生长着，枝藤全部绕上了木椅上方的网片，粉色柔和的花儿一朵朵如梦般绽放。

顺着柱子再往里，更多的植物布置了一个花境，留一条小道，方正的露台立刻蜿蜒了起来。窗台的位置则布置了低矮些的植物，不至于遮掉室内的视线，疏密有致。再过去，便是露台的另一个角落了，靠墙是藤本月季，稍低的则是南天竹和黄色玛格丽特，一旁是怒放的天竺葵，搭配着美丽叶子的各种矾根，精彩纷呈！

一亩园里的精彩

The acre's life

主人：梅姐姐（新浪微博@葳蕤兄弟）
地点：江苏无锡
面积：1亩

判断一个花友是不是标准的花痴，看对某个品种有没有收集的癖好，能不能种好。比如梅姐姐这样，花园里各种美轮美奂的欧洲月季、鸢尾，那么多品种，那绝对是十足花痴了。

临近小区河边的位置有一个阳光房，这里种满了月季、天竺葵。

梅姐姐的大花园位于无锡市，在藏花阁论坛的邻家花园已经很有名了，园子非常非常大，独栋的楼房，周围一圈都是自家的院子，至少有600多平方米，那么就是一亩地？好吧，那是我的梦想！

不过这么大面积，除了花园设计需要花费一番心思，那么多植物的打理则更是需要很多的精力和心血。还是先来介绍花园吧。

进门处

房子的进门处靠近小区的路边，两边是茂盛的珊瑚绿篱。进入院子便立刻是几层的台阶，可以直接上到高处，也是进入住宅的一个入口。台阶上是白色的栏杆，梅姐姐种上了红龙，搭配底下的蓝色鼠尾草，很是艳丽。更往上的台阶，入口处还做了铁艺的拱门，每年的春天，红色的藤本月季开爆。

台阶另一侧下去，有两扇铁门，过去就是主花园的位置了。有一个木头的拱门相连接。也是爬上了红色的藤本月季。

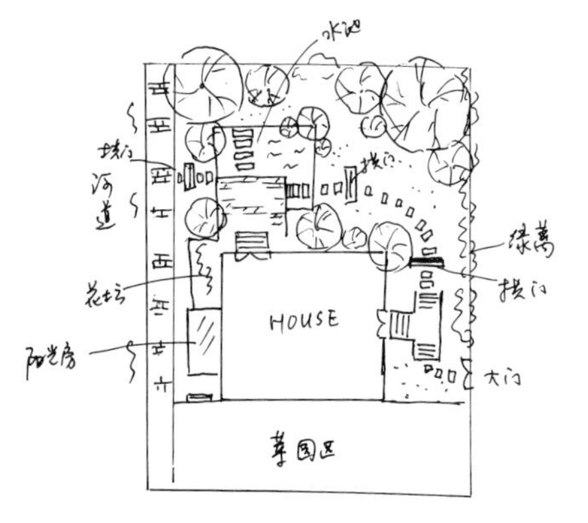

主人：无锡梅姐姐

草坪区

穿过拱门，一条青石板的小路在草坪上蜿蜒，一边是皮实的美人蕉搭配着播种的矢车菊，另一边是一棵巨大的紫薇，树下则是一大丛德国鸢尾。

沿着草坪上的青石板小路，继续往花园里走，又会经过一道木头的拱门，去年的 5 月，正盛开着白色的木香，拱门的立柱上，是藤本月季‘黄金庆典’。

蔷薇拱门非常抢眼，穿越拱门，便是开阔的水榭区。

紫薇树下皮实的美人蕉为主角组成的花境。

水榭区

出了拱门便是另一番景象了，这里也是房子正对面的位置，另有台阶从客厅进入到这里。我把它称为水榭区，几个大大小小的正方形不规则地组合，又高低错落，对面还有搭配几个高大的木头廊架。

这里也是主人一家活动最多的地方，临近水榭，有一套户外的桌椅。桌上摆着的是那天早晨新摘的月季。

从客厅出来就是水榭区域，客厅台阶往下，白色的栏杆上亦是种着鲜艳的红色藤本月季和天竺葵。一旁还有一棵大紫薇，底下的各个品种的德国鸢尾是主人前两年从论坛上团购的，充足的肥料，很快便长成了这样的一大丛。

梅姐姐的院子有个好处，正好靠近小区的河道边，有高大的香樟树可以遮阴，又足够通风透气，所以，除了鸢尾，梅姐姐院子里开得最好的还有各种月季。

判断一个花友是不是标准的花痴，看对某个品种有没有收集的癖好，比如梅姐姐这样，收集了大量的欧洲月季，那绝对是十足花痴了。

从水榭区往外便是小区的河道了，又有台阶可以往下，这里有一个白色的拱门，时间长了有点腐朽,但丝毫不影响拱门上爬着的藤本月季‘魔术师’变幻出各种色彩。

这里的地理条件太好了，河道边又有水汽，又足够通风，所以各种月季都长得特别好，当然月季也需要足够的肥料。

我以前的小院子很窝，前后都是房子，刮大风的季节，院子里也是极少被风吹草动，月季总是种不好，所以对能种好月季的花友们总是无限崇拜，现在才明白，原来并不完全是自己和月季没有缘分。

主人院子里的各种月季是最让我羡慕的。

水榭区往外便是河道。

河边还有一大丛粉色的芍药，各种金鱼草、南非万寿菊、天竺葵也都长得很好。话说，在自家的院子里还能钓鱼，那是怎样的土豪啊！

临近河边的位置，还有一个阳光房可以通往家中，门口一棵红枫很是醒目，两边的花坛则种了好多的天竺葵和月季。

从阳光房再往里，又是台阶往上了，这个区域没有进去，梅姐姐说这里是大块的菜地，还养了很多只鸡鸭。

图书在版编目（CIP）数据

玛格丽特手札：我曾拜访的那些私家花园 / 玛格丽特著.
-- 北京：中国林业出版社, 2015.5重印
ISBN 978-7-5038-7816-9

Ⅰ.①玛… Ⅱ.①玛… Ⅲ.①花园—介绍—世界
Ⅳ.①TU986.61

中国版本图书馆CIP数据核字(2015)第003234号

欢迎关注中国林业出版社官方微信及天猫旗舰店

中国林业出版社官方微信

中国林业出版社天猫旗舰店

策划编辑：何增明 印芳
责任编辑：印芳
装帧设计：张 丽 刘临川
出　　版：中国林业出版社（100009 北京市西城区德内大街刘海胡同7号）
电　　话：010 – 83143565
发　　行：中国林业出版社
印　　刷：北京卡乐富印刷有限公司
版　　次：2015年2月第1版
印　　次：2015年5月第2次
开　　本：710mm × 1000mm 1/16
印　　张：12.5
字　　数：400千字
定　　价：49.80元